경북의 종가문화 2

지금도 「어부가」가 귓전에 들려오는 듯, 안동 농암 이현보 종가

경북의 종가문화 ②

지금도 「어부가」가 귓전에 들려오는 듯,
안동 농암 이현보 종가

기획 | 경상북도 · 경북대학교 영남문화연구원
지은이 | 김서령
펴낸이 | 오정혜
펴낸곳 | 예문서원

편집 | 유미희
디자인 | 김세연
인쇄 및 제본 | 주) 상지사 P&B

초판 1쇄 | 2011년 12월 23일

주소 | 서울시 성북구 안암동 4가 41-10 건양빌딩 4층
출판등록 | 1993. 1. 7 제6-0130호
전화 | 925-5914 / 팩스 | 929-2285
홈페이지 | http://www.yemoon.com
이메일 | yemoonsw@empas.com

ISBN 978-89-7646-270-1 04980
ISBN 978-89-7646-268-8(전10권)
ⓒ 경상북도 2011 Printed in Seoul, Korea

값 17,000원

경북의 종가문화 2

지금도 「어부가」가 귓전에 들려오는 듯, 안동 농암 이현보 종가

김서령 지음

예문서원

안동에서 도산서원을 지나 봉화 쪽으로 달리면 어느 순간 산색이 달라진다. 산의 켜가 갑자기 깊어진달까. 거기쯤에 '분강촌 농암종택' 이라는 표지판이 등장하는데 이정표가 가리키는 방향으로 접어들면 돌연 딴 세상이 펼쳐진다. 산과 강과 나무와 바위가 온통 범상치 않다. 강은 기운차게 햇살에 비늘을 반짝이고 산은 강물에 발치를 담근 채 소슬하게 누웠다.

도시인들은 이 풍경 앞에서 저도 모르게 탄성을 지른다. '하늘이 비밀스럽게 숨겨둔 땅' 이란 옛사람의 시구가 생생하게 눈앞에 재현되기 때문이다. 푸른 강물과 검은 바위벼랑을 배경으로 한가롭게 나는 백로가 보일 때쯤 즐비한 고가가 나타나니 거기가 바로 농암종택이다.

농암종택은 조선 중기 학자이고 시인인 농암 이현보(1467~1555)

5

의 집이다. 종가란 장자로만 대를 이어 자랑스러운 선조를 모시는 특별한 집이다. 물론 일상의 의식주가 여염집처럼 이루어지나 사당에 고유를 하고 제사를 지내고 수많은 지손들이 찾아오니 여염집과 같을 수는 없다. 제사에 참사할 제관의 수가 많고 그들이 한번 오면 여러 날 묵어가니 집도 커야 하고 제수를 충분히 장만해야 하니 살림도 넉넉해야 한다.

그러나 종가의 핵심은 집과 재산이 아니라 이어져 오는 정신이다. 그 가문을 지탱하는 큰 인물이 보여 준 삶과 철학이다. 사람은 사라져도 그가 남긴 정신은 사라지지 않으므로 인류는 가치를 만들고 번영을 이루었다.

정신은 물론 눈에 보이지 않는다. 종가의 존재 의의는 눈에 보이지 않는 추상을 손에 잡힐 수 있도록 구상으로 만들어 놓는다는 데 있다. 정신을 드러내는 방법은 오랜 세월을 두고 다양한 형식으로 기획되어 왔다. 그게 제사이든, 관례이든, 집의 구조든, 남겨 놓은 시와 문집이든, 그림과 글씨이든, 현판 위에 아로새겨진 의미이든, 종택이 자리 잡은 터이든 종가는 그것을 지켜야 할 의무가 있다.

종가가 지켜 내는 정신은 한 가문의 철학이기도 하지만 한 국가의 철학이기도 하다. 요즘 뒤늦게 국격을 운운하지만 국격이란 인격과 마찬가지로 갑자기 생겨나는 물건일 수 없고 억지로 만들어지는 것도 아니다. 오래된 가문이 묵묵히 지켜 온 가치, 그런 것들 속에 국격의 바탕이 들어 있다고 나는 생각한다. 국가경쟁력이라는 것도 마찬가지다. 산업경쟁력이 국가경쟁력이 되던 시대는 지났고 이제 정신과 문화가 진정한 힘이 되는 시대가 오고 있다는 것을 우리는 이미 알고 있다.

역사와 한문학을 전공한 학자들이 주된 필진이 되는 경북종가연구사업에, 어림없이 공부가 부족한 내가 쭈뼛거리면서 동참하기로 결정한 이유가 바로 여기에 있다. 철학이 없는 시대, 가치관이 혼란스러운 시대, 예전보다 물질은 엄청나게 풍부해졌지만 발걸음의 향방을 몰라 휘청거리는 사람들을 나는 너무 자주 목격해 왔다. 그들에게 종가가 품고 있는 가치를 꺼내 보여 주고 싶었다.

그렇다면 농암가의 근본정신은? 그건 효와 경로와 적선이다. 적선積善은 농암종가 사랑채 대청마루 위에 커다랗게 글씨가되어 걸려 있다. 선조 임금의 어필이라 한다. 도대체 적선이란 뭔가? 시대에 따라 대답이 달라질 수 있다. 그러나 바탕을 흐르는 정신은 같다고 나는 생각한다. 적선이란 한마디로 공동체에 대한 애정이다. 선을 쌓아 복을 돌려받겠다는 계산이 아니라 나와남이 한 덩어리라는, 공존과 상생에 대한 각성이다. 음양과 오행이 바탕이 된 동양사상의 공부가 깊으면 깊을수록 상생의 철학은 절로 체득되었을 것이라고 나는 믿고 있다. 자연과 인간이, 사람과 사람이, 나아가 삶과 죽음까지도 이원론으로 분리되는 게 아니라 서로 연결되어 있음을 옛 어른들은 깨치고 계셨던 것 같다. 그게 행위로 드러난 것이 적선이고 경로이고 효였다. 적선과 경로와 효는 같은 뿌리에서 나온 다른 가지이지 따로 노는 것이 아니다. 효란 나를 낳아 준 내 부모에게만 바치는 것이 아니고 경로는 내 집안 어른에게만 해당되는 일이 아니다. 그런 생각을 가장 도저하게 보여 주신 분이 바로 농암 선생이셨다.

어른을 공경하는 일이 경직된 유교이념이라고 여기는 이들도 있다. 그러나 효란 나이든 부모를 위한 젊은이의 거추장스러운 의무가 아니다. 어른들의 지혜에 귀 기울이는 것은 역사에 대한 존중이고 부모의 마음자리를 보살펴 드리는 것은 자신의 삶을 되짚는 수신의 바탕이다. 나아가 내 몸의 부모인 어버이뿐 아니라 내 마음의 부모인 자연을 사랑하고 닮아 가려는 결의이기도 하다. 이것이 어찌 케케묵은 도덕률일까.

농암은 동리 어른들을 모아 때맞춰 잔치를 벌였고 그 잔치에서 고을 원의 신분으로 색동옷을 입고 춤을 췄으며 집안의 종들과 스스럼없이 막걸리 잔을 기울였고 혼인에서도 굳이 양반, 상민을 번거롭게 가르지 않았다. 판서 직위를 가진 분이 어부처럼 강에 나가 직접 고기를 낚았고 흥이 나면 가사를 지어 노래를 불렀다. 그것도 벗들과 계집종과 함께 불렀다.

이런 행적에서 짐작되는 농암 선생의 풍모는 천생 자유인이고 예술가다. 학자와 예술가의 종류가 따로 있는 것은 아니겠지만 농암에게선 학자적 엄숙주의 대신 무장무애無障無礙한 예술가 혹은 신선의 풍모가 더 강하게 느껴진다.

농암 이현보는 당대 최고의 인문학 엘리트였다. 골짜기에 묻혀 살았지만 쟁쟁한 명유들과 교유했다. 아니 농암의 주변이 절로 당대 문화의 중심지가 되곤 했다. 농암은 강호의 처사들과는 다르게 서슬 퍼런 고관대작을 거쳤다. 종삼품 '호조참판'을 거쳐 정이품 '자헌대부'에 이르렀을 때 왕께 사표를 던진다. '참판'은 차관(영감)이고, '판서'는 장관(대감)이다. 인기와 여망을 감안하면 정승도 가능했겠지만 농암은 벼슬길을 탐하지 않았다. '벼슬'은 그저 어버이의 봉양수단 정도로 삼았달까. 이만하면 됐다 싶을 적에 스스로 관모를 벗고 고향 가는 배에 올랐다.

조선 왕조의 핵심 이념인 유학儒學은 본래 인仁과 의義를 구하고 예禮와 효孝를 실천하는 사상이다. 그러나 궁궐에 출입하는 중앙 관료가 인의仁義와 효를 실천하는 것은 쉽지 않은 일이었다. 관직이 높아질수록 오히려 유교적 이상과는 멀어졌다는 게 정직한 분석이리라. 권력투쟁이 극심했던 16세기 무렵의 조정에서는 더욱 그랬다. 따라서 당시 지식인들은 늘 자연 속에서 부모님을 봉양하며 사는 것을 꿈꾸었고 강호로 돌아가겠다는 열망을 노래하는 시를 숱하게 남겼다.

그러나 농암은 말로 그치지 않고 그것을 실천했다. 효는 부모 곁을 떠나서는 행해지기 어렵다. 요즘처럼 전화 안부가 가능

하지도 않은 시절이니 벼슬살이를 하러 멀리 떠나 있으면 무슨
수로 부모를 자주 뵈올 수 있으랴. 농암은 32세에서 76세까지 연
산군, 중종, 인종, 명종에 걸쳐 무려 44년간 벼슬살이를 했고 이
기간 중 30년을 외직으로 떠돌았다. 이 무렵은 역사에서 이른바
사화기士禍期라고 불리는 때다. 훈구파와 외척들이 각종 음모를
꾸며 사림을 숙청하고 탄압하던 시절이었다. 예나 이제나 관리
들은 중앙직을 선호한다. 정치적으로 어지러울 때일수록 중앙
언저리를 떠나지 않으려는 것이 권력의 속성이다. 그런데도 농
암은 언제나 외직을 자임했다. 부모에게 효도하려는 뜻이 컸지
만 혼란기를 살면서 쓸데없는 정쟁에 휩쓸리지 않겠다는 각오이
기도 했다.

　9차례나 임명을 받았고 8차례를 부임해서 총 30년을 고향
근처의 지방관으로 일했으니 농암은 일생 장차관보다 군수나 시
장을 선호했던 셈이다. 농암聾巖이란 호 자체가 그런 성향을 잘
드러내고 있다. 농암은 향리 부내의 낙동강 가에 솟아 있는, 동네
사람들이 귀먹바위라고 부르던 바위 이름이다. 그 바위 이름으
로 자호를 삼은 뜻은 뜬구름 같은 영화로부터, 복잡한 중앙의 권
력 다툼으로부터 등 돌리고 귀먹은 듯 살겠다는 결의였을 것이
다. 바위만 해도 굳건하게 꿈쩍없는데, 거기에 귀까지 먹은 바위
이니 오죽 세상과 절연했으랴.

　어버이가 돌아가신 후인 1542년 농암은 국왕(중종)과 친구들

의 만류를 뿌리치고 결연히 정계를 은퇴한다. 중종은 친히 농암을 접견하고 금서띠와 금포를 하사한다. 당시는 사림파와 훈구파가 첨예하게 대립하는 시절이었건만 이날 은퇴식장엔 사림과 훈구의 거물들이 일제히 등장한다. 이날의 전별연은 궁궐에서 한강까지 전별 인사들의 행차가 즐비하게 이어지고 그걸 구경하기 위해 사람들이 담장처럼 둘러서서 '이런 일은 고금에 없는 성사'라고 찬탄했다고 기록되어 있다. 『농암집』에 이날 참석한 이들의 명단이 나오는데 이조, 공조, 형조, 예조, 병조, 호조의 판서와 참판들이 두루 등장하고 주세붕과 권벌과 이언적과 이황과 김안국 같은 알 만한 이름들도 수두룩하게 보인다.

농암의 귀향은 지금 봐도 장엄했다. 당시 한양에서 안동 도산까지 오자면 한강에서 배를 탔던 모양이다. 조정의 고관대작이 모조리 한강변 제천정에서 열린 송별연에 참석해 눈물의 송별시를 쓴다. 뱃머리에서 손을 흔드는 것이 아니라 시를 써서 건네는 이별은 아닌 게 아니라 격조가 있다. 하긴 벼슬을 하려면 문장깨나 지을 줄 알아야 했던 시절이었으니!!

본문에서 자세히 보겠지만 농암처럼 스스로 벼슬자리에서 물러서는 것을 『조선왕조실록』은 '염퇴恬退'라고 규정한다. 민중으로부터 존경을 받기 위해 거짓 은퇴하는 도명盜名이 있고 극단적 현실도피인 은둔隱遁이 있는데 염퇴가 가장 바람직한 귀거래라 했다. 농암이 염두에 둔 유교적 이상사회는 중앙 관료들이 붓을 놀려 만들어 내는 것이 아니었다. 오히려 자연과 더불어 사는 향사鄕士나 상민들이 일상 안에서 저절로 도달하는 모습에 가까웠던 것 같다.

농암 자신의 문학도 조정을 떠난 후 비로소 풍성한 꽃을 피운다. 38세 이후에 남긴 120여 편의 글 중에서 90여 편이 퇴직 이후에 쓰인 것들이다. 자연 속에서 농암이 얼마나 해방감을 느끼고 자유로웠을지 짐작할 만한 일이다.

그러고 보면 농암이 고향인 분천(부내)으로 돌아가는 심정이 새롭게 읽힌다. 농암의 귀거래는 그저 고향으로 돌아가는 은퇴가 아니라 자연이란 학교로의 입학이었다. 유교적 이상향으로 한 발 내딛는 구도였다.

농암이 태어나서 자란 도산의 부내는 이상향의 현실태였다. 뒤에 산이 있고 앞에 강이 있어 천지의 조화를 이룬 곳, 뒷산에서 나물을 뜯고 앞 강에서 고기를 잡아 배곯지 않고 살 만한 곳, 나날이 새로워지며 순환하는 자연에서 우주의 이치를 자각할 수 있는 곳이었다.

부내에는 자연에 가깝게 살아 이미 서울의 대부들보다 더 인의仁義에 가까워진 촌로들이 있었다. 농암은 그들의 삶을 마음 깊이 존중했다. 그것이 적선과 경노의 진상이었다고 나는 생각한다. 농암에게는 반상을 분별하고 빈부를 차별하는 마음이 없었다. 그 자신이 농부를 자임하고 어부를 자처했다. 그랬기에 진정으로 따르는 무리가 생겼던 것이지, 예나 이제나 단순히 음식을 차려 두고 잔치를 벌인다고 해서 사람들이 무조건 몰려들 리 없다.

유교이념에서 우리가 찾고자 하는 현대적 가치는 바로 그것이다. 가족과 이웃 공동체와 자연에 대한 존중과 애정, 남을 배척하지 않고 껴안는 뿌리 깊은 조화와 상생의 정신이다. 농암은 삶에서 그걸 진심으로 실천했다. 적선이란 어필御筆이나 농암聾巖선생先生 정대亭臺 구장舊庄 같은 글씨와 『애일당구경첩』과 별록에 남아 있는 여러 사람들의 시와 그림은 오늘까지 남아 있는 증거일 뿐이다.

최근에 농암가에 들러 종손 이성원에게 흥미로운 이야기를 들었다. "저 농암각자 말이다. 저렇게 큰 해서체는 조선 천지 어디에도 없거든. 저걸 쓰자면 붓이 얼마나 컸겠노? 농암 선생 정대 구장! 바위 위에 저 여덟 글자를 쓴 조선 말의 이강호라는 분은 농암 선생 인물의 크기를 저런 방식으로 나타내고 싶었던 거 아니겠나?" 듣고 보니 과연 그렇다. 자연석 바위 위에 가로 세로 75㎝나 되는 글자를 써서 새기자면 인물의 됨됨이를 기리는 마음 없이는 불가능하다. 농암은 일개 벼슬아치나 시인 정도가 아니라 일상 속에서 주변 사람들을 감화시킨 '거인'이었다.

구름 피어오르는 산과 강을 오르내릴 때면 자연 속에 녹아드는 신선이었다. 퇴계를 비롯한 주변 사람들이 여러 번 '신선'이라고 불렀던 것이 그냥 시적 수사만은 아니었던 것 같다.

나는 농암이 구현한 공동체의 이상과 자연친화 정신과 일상적 자유를 현대적 관점에서 새롭게 조명할 필요가 있다고 여긴다. 해묵은 농암 정신 안에 참신한 현대성이 내재해 있다고 생각한다.

현재 농암종가 정신을 계승하고 있는 현 종손이 우리에게 주는 메시지도 강력하다. 농암의 17대 종손 이성원은 16세기 선조의 삶을 21세기에 재현해 냈다. 농암의 종택이 있던 부내는 1974년 안동댐 건설로 수몰되었고 종택과 딸린 정자는 사방으로 흩어져 버렸다. 30년 후 종손은 사라진 종가를 이전보다 더 끌끌하게 복원해 냈다. 홀로 땅을 사들이고 각계에 편지를 쓰고 족친들을 설득하면서 농암종택복원사업에 성공한다. 지금 가송리에 그림같이 앉아 있는 수십 채의 기와집들은 그런 노력의 결과이다.

우린 그간 너무나 전통정신을 홀대했고 유교라는 텍스트를 왜곡해 왔던 측면이 있다. 효와 적선과 경로는 케케묵은 관념이 아니다. 도리어 자연스러운 일상의 방식이고 들숨과 날숨처럼 우리에게 익숙한 리듬이고 체질일지 모른다. 그런데 남의 문명에 현혹되어 제 리듬을 외면해 왔다. 제 안의 소리를 외면하느라 우리는 지금 크든 작든 자기 분열에 시달리고 있다.

속도와 효율만을 지상가치로 여기면서 우리 내면의 가장 중요한 고갱이를 놓쳐 버리고 있다.

농암이 한글로 쓴 「어부가」는 교과서에 실려 어려서부터 그 리듬이 한국인의 심성에 각인된다. 「어부가」의 '지국총 지국총 어사와' 라는 독특한 후렴구를 기억 못할 사람은 없다. 적선도 경로도 효도 그 뱃노래 언저리에서 저절로 생겨난 호흡 같은 것, 우린 함께 춤추고 노래하며 자연에게 감사하고 서로의 허물과 아픔을 감싸 안던 사람들이었다. 속도와 경쟁을 잠깐 멈추면 도산면 가송리에 별유천지처럼 자리 잡은 농암종가가 보일 것이다. 그걸 탐구해 농암이 추구한 정신이 과연 무엇이며 어떻게 현대적으로 변용할 수 있을지를 밝혀 보자는 것이 이 책을 쓰는 목적이다.

책 내용의 대부분은 종손 이성원의 글과 말에서 나왔다. 깊이 감사드린다. 내용 중에 잘못된 부분과 빈약한 부분은 점차 보완해 나갈 것이다. 독자 여러분의 따가운 채찍을 기다린다.

2011년 8월
북한산 자락 인월실에서
김서령

차례

제1장 농암종택의 약사

1. 옛 부내(분천)는 어떤 마을이었나

1) 도산의 아홉 굽이

안동安東 도산면陶山面은 특별한 고장이다. 옛 선비들은 이 땅에 굽이굽이 흐르는 낙동강의 물굽이를 주자의 무이구곡에 빗대어 도산구곡이라 이름 붙였다.

도산의 강산은 진정 절묘하다. 낙동강 총 길이 506.17㎞ 가운데 유일하게 이곳 안동의 도산을 지나는 20㎞ 정도만이 싱그럽고 다양한 아름다움을 연출한다. 이중환은 도산에 이르러 낙동강은 '비로소 강이 되었다'고 했다. 강은 도산에서만 여울과 굽이와 소沼와 들과 협곡을 한꺼번에 빚어낸다. 도산을 벗어난

상·하류 어디에도 이런 지형이 없다. 상류는 협과 굽이는 있으나 소와 들이 없고, 하류는 들은 있으나 소·내·곡·협이 없다. 상류는 거친 물이 산을 비집고 조급하게 흐르며, 하류는 이미 사행천이 되어 넓은 백사장을 밋밋하게 흐른다. 도산에 사는 사람들은 그 경치를 사랑하고 자랑하지만, 수백 년 내려오던 그 땅은 근년에 안동댐이라는 거대한 개발공사로 수몰되고 말았다. 구곡 중의 여섯이 사라지고 셋만이 남았다.

옛사람들도 어김없이 도산의 아름다움을 기록하고 있다. 『택리지』를 쓴 이중환은 우리나라 최적의 주거지, 가거지지可居之地로 안동의 두 지역을 거론했는데, 바로 도산과 하회이다. 이중환의 설명은 이렇다.

> …… 강촌으로는 영남 예안의 도산과 안동 하회가 제일이다. 도산은 주변 산들이 강과 조화되어 있다. 산들이 너무 높지 않다. (그래서) 황지에서 발원한 낙동강은 이곳 도산에 이르러 골짜기를 벗어나 비로소 강이 된다. 강변 산들은 석벽을 이루고, 또한 그 산의 발치가 물에 잠기어 경치가 뛰어나다. 물은 나룻배가 건너기에 넉넉하고 마을 안에는 오래된 나무가 많아 정취가 있다. 산 아래 강변은 모두 경작지이다.

이뿐만이 아니다. 16세기 『선성지』를 쓴 권시중權是中은 이

지역을 두고 "조물주가 특별히 만들어 놓은 땅이며, 하늘과 땅 사이에 있는 별천지"라고 했다.

> 예안은 조물주가 특별히 만들어 놓은 것 같다. 왜 그런가? 문 앞에 낙동강이 청량산을 뚫고 내려와 굽이마다 소를 만들었다. 그래서 잔잔히 흐르다가도 갑자기 물결 소리가 난다. 넓은 여울에는 햇살과 노을이 머금고 기기묘묘한 강돌들이 곳곳에 있어, 고금의 선현들이 이곳 경치를 보고 시를 읊조리며 진경 眞景이라 감탄하지 않은 사람이 없었다. 이곳에 박석, 월명, 백운, 단사, 토계, 분천, 월천, 비암, 오천의 '아홉 굽이'가 있으니, 어찌 하늘과 땅 사이의 별천지가 아니겠는가!

여기서 말하는 예안이란 도산의 다른 이름이다. 도산陶山이란 옛날 '도기 가마가 있었다'는 도산서원 지역을 일컫는 말이었고, 나머지 지역은 모두 예안이라 불렀다. 예안은 안동과는 별개의 지역으로 오랫동안 예안문화를 유지해 왔으나 1913년 행정구역 개편 때 안동으로 편입되었다.

'도산구곡'에 관련된 문헌자료는 제법 많이 남아 있다. 최초 『선성지』에 청량산 아래 박석으로부터 월명, 백운, 단사, 토계, 분천, 월천, 비암, 오천까지의 9곡이 '예로부터 있었다'는 기록이 있고, 이를 다시 '14곡'으로 세분해서 분류하기도 했다. 그 후 19

세기 광뢰廣瀬 이야순李野淳(1755~1831)의 『광뢰집』에서는 1곡 운암곡, 2곡 월천곡, 3곡 오담곡, 4곡 분천곡, 5곡 탁영곡, 6곡 천사곡, 7곡 단사곡, 8곡 고산곡, 9곡 청량곡으로 분류했다. 그리고 비슷한 시기에 후계後溪 이이순李頤淳(1754~1832)이 쓴 『후계집』에서는 운암곡과 월천곡 사이에 비암곡을 넣어 제2곡으로 하고 오담곡을 제외시켰다.

14곡이 9곡으로 정리된 연유는 중국 주자朱子의 '무이구곡武夷九曲'의 영향이었다. 『후계집』에 "주자의 '무이십이시武夷十二詩'와 퇴계의 '도산십팔절陶山十八絶'은 구구절절 부합하는 까닭에 시험 삼아 빼어난 굽이를 '무이구곡'의 예에 의해 분류했다"라는 기록이 보인다.

지리적인 기록에 그치는 것이 아니다. "산의 발치가 물에 잠겨 조용하고 정취가 있는 곳", 산들이 푸른 병풍처럼 둘러 있어서 '동취병산東翠屛山', '서취병산西翠屛山'의 지세에 놓인 곳, 그 산색과 물색이 '금수 산빛'(錦繡山光)과 '유리 물색'(琉璃水色)에 비견된 곳, "고금의 선현들이 시를 읊조리며 진경이라고 찬탄하지 않은 사람이 없는 곳", 모두 도산을 일컫는 말이다. 문장가뿐만 아니라 진경산수를 그린 겸재 정선이나 강세황, 김창석 같은 화가들 역시 도산을 찾았다.

하지만 도산에서 눈여겨봐야 할 것은 경치뿐이 아니다. 오히려 경치는 둘째라 할 것이고, 정작 중요한 것은 따로 있다. 사람 사는 마을이 바로 그것이다.

강이 틀어지는 곳에는 굽이가 있다. 굽이에 여울이 있고, 여울 가에 마을이 있다. 그러니 '도산구곡'은 굽이이자 여울이며 마을이다. 도산구곡이란 절경을 옆에 두고 있는 아홉 개의 마을을 포함하는 말이다. 그러니 그 마을에서 모시는 조상들, 건물, 전통, 제례, 이 전부를 아우르는 공동체적인 삶 전체가 바로 퇴계가 노래한 '도산구곡'이다.

도산구곡에는 저마다 각각의 인물과 자랑거리가 있다. 1곡 운암곡은 광산김씨를 비롯한 일곱 군자가 있다 하여 군자리라 했다. 2곡은 월천곡, 3곡은 오담곡으로 우탁, 조목, 금난수의 고향이다. 4곡은 분천곡으로 강호문학의 창도자로 일컬어지는 농암 이현보의 고향이다. 5곡은 탁영곡으로 퇴계가 강학한 도산서당이 있다. 6곡은 천사곡으로 저항 시인 이육사의 고향이다. 7곡은 단사곡, 8곡은 가송곡, 9곡은 청량곡으로 단사협, 가송협, 청량산으로 이어진다.

2) 땅이 사람을 만든다

강의 일생은 사람의 일생과 흡사하다. 유년, 청년, 장년, 노년이 있다. 낙동강도 예외일 수 없다. 멀리 황지에서 발원한 낙동강은 거친 강원도의 산과 투쟁하며 유년기를 보낸 후 도산에 이른다. 청량산은 유년의 사춘기를 마감하는 마지막 관문인 셈이다. 청량산을 지나면서 낙동강은 싱그러운 청년의 강으로 거듭난다. 산은 더 이상 강을 방해하지 못한다. 강은 도산에 이르러서야 비로소 마음껏 삶을 구가한다.

청년의 강은 굽이를 만들고 들을 만들고 못(沼)을 만들고 내(川)를 만들고 협峽을 만들었다. 그래서 도산 일대의 강에는 낙천, 단천, 분천, 월천, 오천이 생겨났고, 도영담倒影潭, 월명담月明潭, 한속담寒粟潭, 미천장담彌川長潭, 백운지白雲池, 탁영담濯纓潭, 통소沼鯟沼, 오담鰲潭이 만들어졌다. 가송협, 단사협을 빚어 냈고, 수많은 강돌과 대와 수석들을 만들었으며, 드디어 '도산구곡'을 빚어 냈다.

이 산들을 두고 이중환은 '너무 높지 않다'고 했다. '산이 너무 높지 않다'는 것은 자연이 사람을 압도하거나 사람에 압도당하지 않고, 알맞게 더불어 살아갈 만한 곳이라는 표현이다. 도산을 전국에서 살 만한 곳의 제일로 꼽은 것이 이중환 아니던가.

'높지 않은 산'은 사색의 환경을 제공한다. 진정 살 만한 땅은 사색이 있는 곳이다. 그런 까닭에 같은 '강촌'이라 하더라도 '살 만한 땅'(可居之地)과 '볼 만한 땅'(可觀之地), '놀 만한 땅'(可遊之地)은 조금 다르다. 퇴계가 청량산을 '오가산吾家山'이라 부를 만큼 사랑했으면서도 "가서 살기로는 적합하지 않다"라고 한 것도 그런 연유이다. 그래서인지 '퇴계종택'과 '도산서원'을 보면 지형이 가파르거나 '너무 높지' 않다. 사색이 있는 곳, 살 만한 곳에 자리 잡았기 때문이다.

요컨대 땅이 사람을 만든다고 해도 과언이 아니다. 그렇다면 도산 땅은 인물을 배출하는 땅이다. 문화체육관광부가 선정하는 '이달의 문화인물' 중 안동 출신이 여섯인데, 그 여섯 분 가운데 불곡 이천, 농암 이현보, 퇴계 이황, 육사 이원록 네 분이 도산 출신이다. 도산은 안동의 14개 면 가운데 하나에 불과하다. 그걸 생각하면 도산 땅의 기운이 큰 인물을 배출한다고 말해도 큰 무리는 아닐 것이다.

3) 도산구곡 중 으뜸가는 곳

농암聾巖 이현보李賢輔(1467~1555)의 생가인 농암종택이 원래 위치해 있던 곳은 도산구곡 중 4곡인 분천곡이었다.

'분천汾川'은 우리말로 '부내'라 불린다. 오천을 '외내'라하고 월천을 '다래'라 하듯이, 분천은 부내였다. 이 마을은 지금 도산서원 진입로 아래 2km 지점에 위치했던 강변마을이었다. 마을 앞에 흐르는 강을 '분강汾江'이라 불렀기에 '분강촌'이라고도 했다.

부내는 전국 최고의 살기 좋은 터전(可居之地)으로 꼽히는 도산구곡 중에서도 으뜸가는 곳이었다. 배산임수와 더불어 끝없이 펼쳐진 70여 만 평의 문전옥답은 마을이 들어서기에 더할 수 없는 조건이었다. 부내에 온 모재 김안국은 "마치 도원경에 들어온 것 같다"라고 했고, 농암은 "정승 벼슬도 이 강산과 바꿀 수 없다"라고 찬탄했다.

영천이씨 집안의 세서시는 원래 영천이었다. 농암의 고조인 이헌이 1350년경 부내 앞을 지나다가 그 수려한 산천에 끌려 거처를 옮기기로 결심했다고 전한다.

영천이씨가 이곳을 차지할 수 있었던 것은 다른 성씨들에 비해 시차적으로 좀 더 일찍 들어왔기 때문이라고 추정된다. 당시 도산은 강력한 기반을 지녔던 토성 선성김씨와 선성이씨가 이곳을 떠나 버려 그야말로 무주공산이었다. 그래서 누구나 정착하면 그대로 터전이 될 수 있었다. 퇴계의 조부 이계양이 이웃 온혜에 왔을 때 '주민 한 집이 있었다'고 할 정도였으니, 당시 이곳은 가히 텅 빈 강산이었다. 이헌은 다른 성씨보다 최소 50여 년은 앞서 들어왔으니 좋은 터전을 선점할 수 있었다. 안동 영천이씨들은 그렇게 부내에서 삶의 터전을 열었다.

그러나 입향한 지 620여 년이 흐른 1974년, 부내에 경천동지할 변화가 생겼다. 안동다목적댐 건설로 모래톱이 맑고 물새가 한가롭게 노닐던 부내 앞 강변은 물속으로 영원히 수장돼 버렸다. 종택도, 거기에 딸린 긍구당도, 긍구당 앞에 있던, 아홉 형제 숙질이 함께 가지런히 인끈을 걸어 놓아 구인수라 불리던 홰나무도! 당시 차종손인 20대의 이성원은 어처구니없이 고향을 잃었다. 그야말로 상전이 벽해가 되어 버렸다. 물속에 수장된 집은 그 냥 집이 아니었다. 조선의 빼어난 강호시인 농암이 태어나고 공부하고 시를 쓰고 몸을 묻은 역사와 문학의 본거지였다. 종택은 문화재로 지정되지 않았다 해서 맥없이 묻혀 버렸고, 긍구당, 애일당, 사당, 서원 같은 부속건물들은 행정의 편의에 따라 여기저기 흩어져 버렸다.

돌아보면 한국사는 숱한 실향민을 양산해 왔다. 나라를 찾겠다고 만주로 떠난 치열한 실향도 있고 분단으로 돌연 길이 끊겨 버린 뼈아픈 실향도 있지만, 농암 가문처럼 눈 뻔히 뜨고 제집, 제 땅을 수장당하는 어이없는 실향도 있었다.

2. 도산면 가송리에 종가가 들어선 사연

농암 가문 후손들 사이에서 "고향을 다시 만들고 유적을 이건·복원하자"는 이야기가 나오기 시작한 것은 안동댐 건설로부터 25년이 지난 1994년 무렵의 일이다. 농암 종손은 실향의 실의를 접고 새로운 '부내'를 만들 준비에 돌입한다. 그리하여 낙점된 곳이 바로 청량산 농암 묘소 뒤편, 도산면 가송리다. 농암 종손은 사비를 털어 가송리의 토지를 매입하기 시작했다.

'가송리佳松里'는 그 이름처럼 '소나무가 아름다운 마을'이다. 뒤로는 산이 있고 앞으로 강이 흐르는 전형적인 배산임수 지형으로, 산촌과 강촌의 장점을 한꺼번에 누릴 수 있는 서정적인 풍광 속에 놓여 있다. 종손 이성원은이 땅을 처음 발견했을 때 가

아름답고 신비스런 청량산이 종택 바로 눈앞에 보인다

슴이 뛰어 진정할 수 없었다고 말
한다. 그것이 어떤 의미인지, 가송
땅에 발을 디뎌 보면 절로 알게 된
다.

　가송곡은 도산구곡으로 치자
면 8곡에 해당한다. 농암종택 복
원 현장인 올미재는 가송 중에서
도 사람의 발길이 닿지 않는 오지
로, 강과 단애 그리고 은빛 백사장
이 조화롭게 어울리는 곳이다. 희
한하게도 '부내'(㳍川)의 강산과
흡사하게 닮았다. 여기서 마주보
는 청량산을 넘으면 바로 농암의
묘소가 있다. 후손들은 여기 종택
이 자리 잡게 된 인연이 결코 예사
롭지 않다고 여긴다.

　2000년 들어 정부는 경북북부
에 유교문화권역을 만들기로 한
다. 2001년, 드디어 국책사업의
'기본 계획도'가 완성되었고, 2003
년 '긍구당'과 '사당'이 이건되고

종택의 정침과 사랑채가 복원되었다. 2004년에는 문간채와 부속채가 지어졌다. 2005년에는 '분강서원'이 이건되었고, 2006년에는 '애일당', '농암각자', '신도비' 등의 문화재와 건물이 이건되고 '명농당明農堂', '강각江閣' 등의 건물이 복원되었다. 농암종택은 20세기 후반에 도산구곡의 4곡에서 8곡으로 장소가 완전히 이동된 흔치 않은 예이다. 근처에 광산김씨가 세거해 살던 외내에서 '군자리'로 종택들을 집단이주한 예가 있긴 하지만, 농암종택과는 성격이 썩 다르다. 농암종택은 말하자면 새롭게 부활했다. 한 시절 지어졌다가 세월 속에 사라져 간 여러 건축물들이 더욱 활달하게 되살아난 것이다. 그것은 그림과 시와 산문이 남아 있기에 가능해진 일이었다.

그렇게 복원된 농암종택은 현재 안동시의 적극적인 '고가옥古家屋' 개방 프로그램으로 개방되고 있다. 아무나 안방에 들어와 밥을 먹을 수 있고 긍구당, 강각, 분강서원, 명롱당에서 잠을 자고 갈 수 있다. 드넓은 대청을 가진 사랑채도 공개되어 있다. 물론 잠자고 밥 먹는 게 무료는 아니다. 도시든 산촌이든, 종가든 여염집이든, 먹고사는 일에는 '항산恒産'이 필요하니 방값과 밥값을 적절히 책정해서 받기는 한다. 그 옛날에도 종가에 갈 때 빈손으로 쑥 들어가진 않았으니 비슷한 개념이라 하겠다.

3. 역사는 강물처럼

    종가의 재건은 건물 짓는 데에만 신경 쓴다고 될 일이 아니다. 안동 영천이씨는 그동안 꾸준히 족보를 편찬해 왔다. 1746년 병인년에 만든 『병인보丙寅譜』를 시작으로 1798년의 『무오보戊午譜』, 1899년의 『기해보己亥譜』, 1982년의 『임술보壬戌譜』를 거쳐 2005년에 만든 『을유보乙酉譜』에 이르기까지 모두 6번의 간행이 있었다. 지난 시대는 경제적 어려움으로 각 파에서 파보만 간행해 왔었다. 하지만 가장 최근에 간행된 『을유보』는 족보를 전체적으로 통합한 방대한 책이다.

    족보에 따르면 영천이씨는 고려 초기 영천 출신 평장사平章事 이문한李文漢을 시조로 하고 있으며 그 밑으로 여러 분파가 있다. 현재 전국에 산재한 인원은 15만 명 정도이다. 그중에서 안동 영천이씨는 고려 말 군기시소윤軍器寺少尹을 역임한 영천 출신의 이헌李軒이 도산을 지나가다 수려한 산수에 반해 이거했다고 전한다. 이헌은 영양군永陽君 휘諱 이대영李大榮의 6세손이다. 이헌의 묘소(안동시 녹전면 서삼리 소재) 비석에는 "혁명의 시대에 성장하여 벼슬을 좋아하지 않았다"(生長革命之時, 不樂仕進)라고 쓰여 있다. 1360년을 전후하여 복거卜居한 것으로 추정된다.

이헌에서 밑으로 5세대까지의 계보를 보면, 이헌李軒(입향조, 84세)ㅡ이파李坡(76세)ㅡ이효손李孝孫(84세)ㅡ이흠李欽(98세)ㅡ이현보(89세)이니, 역산해 보면 안동 영천이씨는 650여 년의 역사를 가지고 있다는 결과가 나온다. 현 종손 이성원의 아들 이병각까지 치자면 23세손까지 내려왔다.

이헌은 형제를 두었는데 맏이 파坡는 문과급제하여 의흥현감을 지냈다. 외손녀가 노송정老松亭 이계양李繼陽의 배위이니, 곧 퇴계 선생의 조모이다. 둘째 오塢 역시 문과급제하여 예문관직제학으로 판서 황유정黃有定의 손서가 되었고, 관찰사 금숙琴淑과는 사돈관계를 맺었다. 파의 아들로는 효손孝孫과 성손誠孫이 있는데 효손은 봉례奉禮를 역임했으며, 파의 손자 흠欽과 균鈞은 각각 인제현감과 직장直長을 지냈다.

그중에서 흠의 아들인 농암 이현보는 안동 영천이씨 가문에서 전국적인 명성을 얻은 인물이다. '청백리'에 녹선되었고 '강호문학江湖文學의 창도자'로 일컬어지며 현재 국어 교과서에 한글 시가가 실려 있으니, 한국인이라면 누구나 그의 운율을 배우며 자라게 된다. 영정이 남아 있어 부리부리한 눈과 힘찬 수염이 어제런 듯 우리 눈앞에 살아나는 인물이기도 하다. 2001년도에는 문화체육관광부가 선정한 '이달의 문화인물'로 지정되기도 했다.

농암의 아들들은 맏아들 문량文樑으로부터 희량希樑, 중량仲樑, 계량季樑, 윤량閨樑, 숙량叔樑, 연량衍樑 등 7형제가 모두 관직을 지냈고, 사위 김부인金富仁은 김유金綏의 아들로 무과 급제했다.

문량은 평릉도찰방을 역임했고, '애일당구로회'의 전통을 확립했다. 퇴계의 거의 유일한 친구로 150여 통의 편지가 남아 있으며, 도산서당, 농운정사 건립 당시 현장을 지휘 감독했다. 사위로 황준량黃俊良(문과 현감)과 김기보金箕報(현감)가 있는데, 당시 농암 집안에서는 '두 서방'이라 불렀다. 황준량은 판서 황유정의 후손이고, 김기보는 강원감사 김영金瑛의 손자였다. 김영은 농암과 진사시험에 동방한 친구였고, 김기보의 현손 김계광金啓光은 『농암집』을 편찬했다. 엄청난 경비를 감안할 때, 먼 선외조부의 문집 간행은 매우 특이한 일이었다.

중량은 퇴계와 동방급제하여 안동부사, 동부승지, 강원감사 등을 역임했으며, 영덕군 창수면 인량리에 '삼벽당三碧堂'을 짓고 복거하여 그 후손들이 대대로 살고 있다. 윤량은 대과급제하여 내의원판사를 역임한 어의御醫로, 퇴계 최후의 순간에 진맥했다.

종택 앞에 서 있던 구인
수. 이 나무에 농암과 아
들들의 인끈이 아홉 개나
걸렸다고 이름이 구인수
이다.

숙량은 '선성삼필宣城三筆', '계문삼처사溪門三處士'의 일인으로 일
컬어졌는데, 의병장으로 활동하다 순직한 일기가 최근 『월천집月
川集』에서 발견되어 학계의 주목을 받았다. 대구 연경서원妍經書院
에 배향되었다.

농암종택의 마당에는 거목의 '홰나무' (槐木)가 있었는데 이
를 '구인수九印樹' 라 했다. 효성이 지극했던 이 남매들이 농암의
수연을 위해 모이면 이 나무에 9개의 관인官印 끈이 걸렸기 때문
이다.

『농암집』에 보면 퇴계가 자신을 농암의 '족질族姪'로 표현한 부분이 나온다. 앞에 말했듯이 농암의 증조부인 파坡의 외손녀가 퇴계의 조모가 되니, 퇴계가 농암의 '7촌 조카'가 된다는 것이다. 영남의 성씨들은 이렇게 서로 혼인으로 얽혀 있고, 그래서 큰 가문들끼리는 거개가 인척이 된다. 현재 농암종택의 종부인 이원정은 양동마을 회재晦齋 이언적李彦迪의 후손이다. 윗대를 거슬러 올라가면 회재 이언적의 증조모와 농암의 조모가 청주양씨로 자매지간이다. 그러므로 농암과 회재도 남이 아닌 7촌 사이쯤 되는 인척이다.

농암 이후의 계보를 간략히 정리하면 다음과 같다.

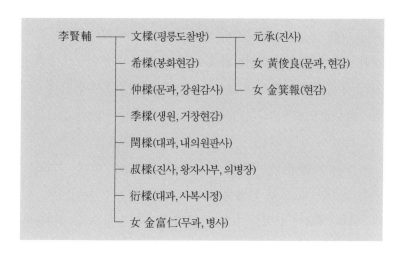

농암의 동생 현우賢佑는 도산의 상류 '내살미'(川沙)에 살다가 아들 충량忠樑(영해교수)이 박승장朴承張(부사)의 사위가 되면서 영주로 이거했고, 거기서 손자 간재艮齋 이덕홍李德弘(1541~1596)이 태어났다.

간재 이덕홍은 퇴계의 명으로 도산서원 유물관에 전시되어 있는 '선기옥형璇璣玉衡'을 제작한 인물이다. 거북선의 원형설계도로 추정되는 '귀갑선도龜甲船圖'도 간재가 설계했다고 전한다. '선기옥형'이라는 천문 관측 모형을 만든 것만 해도 대단하지만, 바다를 가 보지 않은 간재가 '귀갑선도'를 설계했다는 것은 참으로 놀랍고 신기한 일이다. 간재가 "생래적으로 천문, 역학에 통달한 학자였다"는 문헌기록이 이 놀라움을 뒷받침하고 있다. 간재는 서애 류성룡과 동문수학했고 교분도 두터웠다. 둘은 임진왜란 극복에 비슷한 대처방법을 보여 주고 있어 충무공의 전술에 여러 측면에서 기여하지 않았을까 여겨진다. 그래서 간재−서애−충무공으로 이어지는 거북선의 제작 과정이 있지 않았을까 하는 추측도 가능하다.

간재가 38세 때 나라에서 전국의 명유名儒 9명이 천거되는 일이 있었는데, 그때 간재는 제4위로 뽑혔다는 기록이 남아 있다. 사후 '원종공신일등'으로 가선대부 이조참판 겸 동지의금부사에 추증되었고, 퇴계의 사랑을 받아 임종 직전의 퇴계로부터 "서적을 관리하라"는 명을 받기도 했다. 사후 '오계서원'에 배향

되었으니, 간재의 후손들은 안동시 녹전면 원천리에 계거繼居하여 간재를 불천위로 모신 간재종택을 이루었다. 농암종가뿐 아니라 간재종가 또한 안동 영천이씨의 또 다른 집성촌을 형성하게 된 것이다.

간재는 맏아들 시蒔를 제외한 입苙, 강莊, 점蔵, 모慕의 4형제와 손자 영구榮久가 모두 문과급제했으니 이른바 '5숙질 문과급제'이다. 특히 3형제가 같은 날 급제하여 오래 인구에 회자되었다. 이들 형제들은 광해군 당시 대북파의 입장을 견지한 까닭에 인조반정이 일어나자 활기찬 소장정치인으로서의 꿈과 이상이 일시에 꺾여 버렸다. 이로써 안동 영천이씨도 결정적인 타격을 입어 오랫동안 관직에 나가지 못하는 '정거停擧처분'을 받았다.

시蒔는 호가 '선오당善迂堂'으로 당대의 대학자였다. 국문시조「조주후풍가」,「오로가」를 지었으며 아버지의 학풍을 이어 무수한 제자를 두었다. 또한 안동지방 학자들의 집단적 교양 증진을 위한 모임인 '오계서원강회'를 한강 정구와 더불어 주도했다. 시의 아들 영전榮全 역시 대단한 학자로, 당대의 처사 목재木齋 홍여하洪汝河가 그의 제자였다.

간재 이후의 계보를 정리하면 다음과 같다.

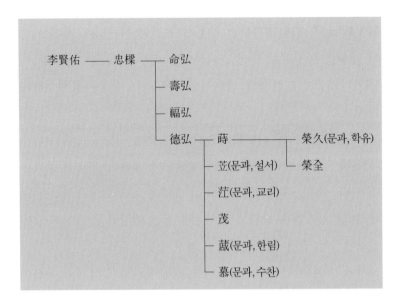

　안동 영천이씨는 지금 전국에 2만여 명이 산재하여 살고 있다. '불천위' 두 분(聾巖과 艮齋), 대과급제 열두 분(坡, 塢, 聾巖, 仲樑, 閏樑, 芅, 茳, 蕆, 慕, 榮久, 長泰, 時獻)을 배출했다. 내 · 외손으로 서원에 배향된 분이 열한 분(聾巖—汾江書院, 艮齋—迁溪書院, 李叔樑—研經書院, 金有庸—磨谷書院, 金富仁—洛川祠, 金彦璣—龍溪書院, 黃俊良—郁陽書院, 柳仲淹—陀陽書院, 朴毅長—九峯書院, 曺友仁—玉洞書院, 金中淸—盤泉書院)이며, 유고遺稿와 문집文集을 남긴 분이 80여 분에 이르는 명문거족이다.

　그러나 분천(부내)이 수몰되면서 안동 영천이씨는 실향민이 되었다. '긍구당肯構堂'을 비롯한 모든 유적들은 사방으로 분산되었고, 농암의 후손들도 산지사방으로 흩어지게 되었다. 30여

수몰되기 이전 부내에 있던 옛 농암종택의 모습

새로 지어진 종택의 사랑채와 안채

년의 세월이 흐른 1994년, 농암 17대 종손 이성원은 청량산 남록 농암 묘소 뒤편인 도산면 가송리 올미재에 새로운 분천을 건설할 계획을 세웠다. 그리고 강가의 논밭을 하나씩 사들였다. 이어 종택의 안채와 사랑채를 짓고 사당을 짓고, 긍구당을 옮겨 오고 애일당을 옮겨 짓고, 분강서원을 옮기고 강각을 복원했다. 인적이 닿지 않던 낙동강 상류에 고래등 같은 기와집이 하나씩 위용을 드러내기 시작한 것이다.

농암종택의 탄생은 아마도 세 개쯤의 기적이 한꺼번에 작동한 것 같다. 부내를 꼭 닮은 마을이 사람들 발길이 닿지 않는 곳에 숨겨져 있었다는 것도 기적이고, 현재의 농암 종손이 가난한 선비의 수입으로 그 땅을 사들일 수 있었다는 것도 기적이고, 김대중 대통령 당시 마침 안동지역 유교문화를 살리자는 대형 국책사업이 벌어져 농암종가 복원에 자금지원이 이루어졌다는 것도 기적이다. 현재는 그 기적의 현장으로 사람들이 속속 찾아들고 있다. 찾아와서는 풍경과 역사와 시에 찬탄과 감격을 쏟아 낸다.

제2장 농암의 삶과 시

1. 초당에 청풍명월이 나며들며 기다리나니

"1542년 가을, 농암 늙은이 비로소 인끈을 벗고 국문國門을 나와, 한강 기슭에서 친구들과 이별하고 돌아가는 배를 탔다. 술에 취해 배 안에 누우니 달이 동산에 떠오르고 산들바람이 불어온다. 문득 도연명의 '배는 표표히 바람에 나부끼고'의 구절을 읊조리니, 돌아가는 흥겨움이 더욱 깊어져 스스로 빙그레 웃음지었다. 이에 노래를 지으니, 이 노래는 도연명의 「귀거래사」를 본받은 까닭으로 「효빈가」라 했다."

'돌아가리라' '돌아가리라' 말 뿐이요 간 사람 없어
전원이 황폐해지니 아니 가고 어찌할꼬

초당에 청풍명월이 나며들며 기다리나니.

歸去來 歸去來 말쑨이오 가리 업싀

田園이 將蕪ᄒ니 아니가고 엇뎰고

草堂애 淸風明月이 나명들명 기드리ᄂᆞ니

　농암은 연산군―중종―인종―명종에 이르기까지 무려 4대
의 임금을 섬기면서 벼슬살이를 했다. 고향으로 돌아가는 날 배
안에서 농암은 소년처럼 누워 노래를 지어 부른다. 관직에서 물
러나는 길에 지었다는 「효빈가」의 노랫말은 들뜬 마음을 실은
듯 율동감이 느껴진다.

　농암은 조선조에서 유일하게 정계은퇴식을 하고 은퇴한 인
물이다. 국왕은 금포金袍와 금서대金犀帶를 하사했고, 관료들은 일
제히 전별시를 지어 선물했다. 한강까지 이어진 행차를 보고 도
성 사람들이 담장처럼 둘러서서 "이런 모습은 고금에 없는 성사"
라고 했고, 퇴계는 "지금 사람들은 이러한 은퇴가 있는지도 모릅
니다"라고 했다. 김중청金中淸은 이 은퇴에 대해 "회재晦齋 이언적
李彦迪, 충재沖齋 권벌權橃께서 전송 대열에 서고, 모재慕齋 김안국金
安國, 퇴계退溪 이황李滉께서 시를 지어 전별했으니, 중국의 소광疏
廣, 소수疏受의 은퇴라도 어찌 비교되겠는가. 이는 우리나라 수천
년 역사 이래 없었던 일로, 우리 농암 선생이야말로 천백만 명 가
운데 단 한 분뿐이다"라고 했다. 『실록』은 이를 '염퇴恬退'라 규

정했다.

'염퇴'는 거짓 은퇴인 '도명盜名'이나 극단적 현실도피인 '은둔隱遁'과 대비되는 바람직한 귀거래다. 당시에는 '도명지사 盜名之士'만 있을 뿐 진정한 '염퇴지사'는 없었다. 농암이 바로 '염퇴지사'였다. 그래서 은퇴 후 관료들이 거듭해서 불러올리도록 왕께 진언했고, 올라가지 않자 종1품 '숭정대부'의 직첩을 내려보내기까지 했다. 그래서 '재야정승'이 되었다. 조선 전기에 은퇴한 관료에게 품계를 올려 가며 계속해서 직첩을 내린 일은 아주 드문 일이다.

사신史臣은 이렇게 썼다. "동료들이 만류했지만 소매를 뿌리치고 임금께 인사한 후 배에 올라 흘러갔다. 돌아가는 배 안에는 오직 화분 몇 개와 바둑판이 있을 뿐"이라고! 『실록』에서는 "현보는 영달을 좋아하지 않고 자주 부모를 위해 외직을 구했다. 드디어 부모가 돌아가자 직위가 2품이고 건강도 좋았지만 오히려 조정을 떠나기를 여러 차례 간청한 끝에 마침내 허락을 받았다. 식자들은 그를 가리켜 만족을 아는 지족지지知足之志의 식견이 있다고 했다"라고 평가했다.

1) 농암의 삶

농암은 아버지 이흠과 호군護軍 권겸權謙의 딸 사이에서 4남

1녀 중 맏이로 태어났다. 자는 비중棐仲이며, 호는 농암 또는 설빈
옹雪鬢翁이라고 썼다. 자라면서 호방한 기질을 보이며 사냥을 좋
아하였다. 학문에는 별다른 흥미를 갖지 않다가, 19세 때 향교에
입학하면서 본격적으로 학문에 전념하였다고 한다. 특히 사장詞
章에 남다른 자질을 보였다. 1495년(연산군 1) 사마시에 합격하였
고, 1498년(연산군 4) 식년 문과에서 이황의 숙부 송재 이우李堣와
함께 병과로 동방同榜급제하였다.

　농암은 교서관권지부정자校書館權知副正字를 시작으로 벼슬길
에 올랐다. 영흥훈도永興訓導의 외직을 거친 후 예문관藝文館 검열
檢閱에 이어 봉교奉敎·시교侍敎에 잇달아 임명되었다. 이 시기에
무오사화를 거치면서 위축된 사관史官의 위상을 회복하려고 노력
하였으나 다른 사건과 연계되어 의금부에서 국문을 당하였고, 이
어서 안동의 안기역安奇驛에 정역定役되고 다시 장형杖刑에 처해지
는 등 고초를 겪었다. 이렇게 1504년의 갑자사화를 겪은 농암은
중종반정(1506)을 계기로 다시 발탁되어 중용되기에 이른다.

　그 후 농암은 언관言官과 전랑銓郎 등 청요직을 주로 역임하
다가 정암 조광조를 중심으로 한 급진적 성격의 사림이 등장하면
서 중앙의 관직보다는 오히려 외직을 선호하게 되었다. 영천군
수에 이어 밀양부사, 충주목사, 안동부사, 성주부사 등을 거치면
서 가는 곳마다 선정으로 백성들의 존경을 받았으며, 중앙의 요
직에도 자주 발탁되었다. 이러한 외관직 선호는 부모가 연로해

서 가까이 모시고자 함이었지만, 그 덕분에 안동부사로 재직할 때에는 기묘사화(1519)의 칼바람을 피해 갈 수 있었다.

1525년(중종 20)에 아버지의 나이가 80세에 이르자 사직을 청하였고, 그 뒤로는 대구부사, 평해군수, 영천군수, 경주부윤, 경상도관찰사 등 주로 고향과 가까운 외직을 선택하였다. 결국 형조 및 호조참판을 거쳐 동지중추부사同知中樞府事에 임명된 1542년(중종 37)에 병을 이유로 은퇴하여 부내로 돌아왔다.

만년에는 정2품 이상의 문관들을 예우하기 위해 설치된 기로소耆老所에 입소되는 영예를 얻었으며, 명종으로부터 "경은 진실로 천하대로天下大老요, 당세원구當世元龜라. 염퇴이양恬退頤養이 이미 명철보신明哲保身을 넘었으며 정관선기靜觀先幾했다"라는 최고의 찬사를 받았다. 은퇴 후 거듭되는 상경 명령에도 불구하고 올라가지 않으니, 나라에서는 1품인 숭정대부의 품계를 내려 예우했다. 그리하여 조선 전기에 보기 드문 '재야정승'이 되었다.

농암은 '유선儒仙'으로 추앙을 받았다. 그는 천성적인 시인으로, 분강 가를 두건을 비스듬히 쓰고 거닐면서 '강과 달과 배와 술과 시가 있는 낭만적 풍경'을 연출했다. 이 감흥과 미의식이 그대로 문학과 예술이 되었다. 이런 강호생활은 분강, 애일당을 찾아온 동료, 후배들과 함께 시 짓고 노래하는 생활을 즐기게 만들었고, 애일당과 분강가를 찾은 이들은 '영남가단嶺南歌壇'이라는 독특한 문화 그룹을 형성하게 되었다.

농암은 관료적 문학이 성행하는 시기에 강호지락江湖之樂과 강호지미江湖之美라는 새로운 문학세계의 지평을 열었으며, 「어부장가」, 「어부단가」를 비롯한 「효빈가」, 「농암가」, 「생일가」 등 한글로 된 시가작품을 남겼다. 이것들은 시라기보다는 노래였다. 함께 배를 저으며, 혹은 술잔을 높이 들며 노래를 부를 이들이 부내로 모여들었다. 최근 돌아간 이윤기 선생의 양평 집으로 찾아간 무리들이 밤새 노래 부르고 술 마시고 희희낙락하던 모습과 크게 다르지 않으리라.

농암의 부내 강변의 놀음은 당대 명현거유名賢巨儒들의 주목을 끌었다. 서울에서 멀고 궁벽한 오지였지만, 농암이 연 경로잔치인 화산양로연에 보내온 축하시는 무려 39편이나 남아 있다. 애일당에 붙일 시를 쓴 이도 마흔이 훌쩍 넘는다. 이런 시들은 종가에서 소중히 보관해 오다가 지금은 한국국학진흥원에 기탁된 상태다. 그 시인들의 면면은 당대 지식인의 명단이라 해도 과언이 아니다.

그런 이들 중에서도 농암은 퇴계와 인간적, 문학적으로 남달리 각별한 교류를 가졌다. 퇴계는 동향의 후배였고, 7촌 척의 족친이기도 했다.

퇴계는 농암의 정계은퇴와 귀거래를 특별히 평가했다. 농암을 일월日月로 비유하였으며, 농암이 거니는 경관은 '진경眞境'이고 농암의 강호유상江湖遊賞은 '진락眞樂'이며 농암은 진정 강호를 이해한 '진은眞隱'이라 극찬했다. 퇴계는 농암 「어부가」의 발문도 썼는데, "바라보면 그 아름다움은 신선과 같았으니, 아! 선생은 이미 강호의 그 진락眞樂을 얻었다"라고 찬탄한다.

퇴계가 제자인 정존재靜存齋 이담李湛에게 보낸 편지가 있으니 함께 보자.

> 자네의 말은 완연히 이 예안 일대의 아름다운 경치를 즐기고
> 있는 나의 모습을 충고하고 있는 것이지만, 이것이야말로 진
> 실로 농암 선생께서 황滉에게 '강호의 즐거움'(林泉之樂)을 붙
> 여 준 까닭이라네. 비록 그대가 정성으로 황의 이러한 취향을
> 삼가라는 뜻이 있음을 알겠으나, 자네의 그 말을 음미할수록
> 나에겐 호연한 즐거움의 정취가 더해질 뿐이라네.

농암이 퇴계에게 '임천지락'을 주었다는 표현은 곧 예안, 도산 일대의 경치와 강호의 처소와 일체의 문학적 주도권을 퇴계에게 물려주었다는 뜻이다. 지난날 농암이 "정승 벼슬도 이 강산과 바꿀 수는 없다"고 할 정도로 사랑했던 강산의 정취를 퇴계에게 기꺼이 전수하겠다는 기록은 『농암집』과 『퇴계집』 여기저기서 눈에 띈다.

두 사람은 36살의 나이 차가 있었다. 그러나 둘의 왕래는 농암이 워낙 장수했으므로 오래도록 지속되었다. 퇴계가 쓴 농암

의 제문에는 이런 구절이 나온다.

나(混)같이 어리석은 사람은
향리의 소생으로
문에 올라 (농암 선생에게) 학업을 질문한 것이
안동향고부터 시작되었네.
세상길 어그러짐 많아
헛된 벼슬 한이 될 뿐.
공은 이미 높은 경지에 올랐으나
나는 병든 몸으로 돌아와 겨우 성명을 부지했네.
가까이 조그만 집을 지어
매양 이끌고 가르쳐 주셨으며
항상 부축하고 모심을 허락하셨네.
춘산은 비단병풍같이 아름다웠고
추강에서 물고기를 바쳤으며
자하고에서 비 맞은 추억이며
임강사 모래 가에서 눈을 밟으며
야석野席을 다투어 찾은 긴 세월.
……
추억의 상념 정녕한 지금
편지는 죽순처럼 쌓였고

시편은 가득히 아름답게 펼쳐져 있네.

퇴계와 농암 사이에 오간 편지가 죽순처럼 쌓였다고 한다. 최근 학자들 사이에서 조선 전기 한문학을 논할 때 '처사문학'이라는 분류가 사용된다. '관각문학'과 반대되는 개념인데, 16세기 처사문학을 논할 때는 그 선구에 농암이 있고 퇴계가 그 영향을 받은 것으로 평가된다. 농암과 퇴계는 모두 안동부의 사족으로, 그들의 조상은 고려 말 영천, 진보로부터 각각 이주해 와서 관의 비호 아래 토지를 개척하고 노비를 늘려서 토성인 광산김씨, 봉화금씨와 더불어 이른바 예안향내의 4대 가문을 형성해 왔다. 이들은 대대로 중첩적인 인척관계를 맺었으며, 농암과 퇴계의 발신으로 안동지방의 대표 가문으로 번창하였다.

기록을 살피면, 농암이 1549년(명종 4) 2월 한식일에 그의 증조인 참의공 묘에 입석을 하였는데 거기 당시 풍기군수였던 퇴계가 묘갈문을 짓고 제수를 차려 절을 올렸다는 내용이 있다. 퇴계는 참의공의 외현손이었다. 둘의 관계를 좀 더 살피면, 농암은 퇴계의 숙부 송재 이우와 함께 급제한 벗이며, 농암의 셋째 아들 하연賀淵 이중량은 또한 퇴계와 나란히 과거에 급제했다. 같은 고향 사람이 대를 이어서, 요즘 말로 고시동기생이 된 것이다. 퇴계에게 수족 같았던 제자 양재 이덕홍은 농암의 종손자이며, 역시 퇴계의 굵직한 제자인 금계 황준량은 농암의 손서가 되었고, 또 다른 제자 산남 김부인은 농암의 사위였다. 또 농암의 아들 이문량과 이중량은 퇴계의 절친한 벗이었다. 『퇴계집』에는 문량과 나눈 편지 150통, 중량과 나눈 편지 50통이 남아 있다. 6중 8중으로 얽힌 인연이다.

이런 퇴계와의 깊은 인연 외에도 농암은 살벌한 사화를 벗어나면서 정계와 재야인사들과 폭넓은 교유를 펼쳤다. 이장곤李長坤, 이행李荇, 박상朴祥, 홍언필洪彦弼, 성현成俔, 소세양蘇世讓 등 현직 관료들과 밀접한 관계를 유지했으며, 안당安瑭, 김안국金安國, 주세붕周世鵬, 이언적李彦迪, 권발權撥, 김연金緣 등과는 사제 또는 벗의 관계에 있었다. 그리고 은퇴를 전후해서는 안동사림을 완전히 선도하는 입장에 섰다.

그런 농암을 중심으로 강호자연을 배경으로 하는 문학 서클이 결성된 것은 자연스런 일이었다. 은퇴처사나 정치지망생(당시는 정치지망이 문학지망과 크게 다르지 않았다), 순수 재야선비들이 무리지어 이 모임에 참석했으며, 농암 사후에도 이 문학 서클은 퇴계와 금계를 중심으로 지속되었다. 농암의 「어부가」가 만들어지고 불린 배경에는 이 문학 서클이라는 튼실한 토양이 자리 잡고 있었다는 것을 염두에 둘 필요가 있다. 퇴계의 철학 또한 농암이 만들어 둔 문학적 토양에서 꽃핀 것이라 해도 과언일 리 없다.

2. 월란사의 철쭉꽃 모임에 이제 나는 제외시켜라

89세 임종 직전의 농암이 퇴계에게 보낸 편지 중에 이런 구절이 있다.

월란척촉지회는 나를 위해 연기한 듯하나 이제 나는 늙고 병든 몸이라 제외시킴이 어떻겠는가. 또한 내 일찍이 강호 전체를 그대에게 부친다는 편지를 쓴 적이 있었는데, 다만 이번만은 언약도 있고 하니 부득불 병든 몸을 이끌고라도 그대의 뜻에 부응하고자 하니 요량하기 바라네.

1555년 4월 10일, 농암 늙은이 손이 떨려 대강대강 쓰노라

'일찍이 강호 전체를 부쳐 주었다' 는 말은 농암과 퇴계 사이에 흐르는 긴밀한 문학적 교류를 나타낸다. 여기서 또 주목할 만한 것은 '월란척촉지회' 라는 모임이다. 월란은 '월란사' 를 말하는 것이고, 척촉은 철쭉의 한자 표현이다. 그러니 월란척촉지회는 '월란사의 철쭉꽃 모임' 이라고 번역할 수 있겠다. 월란사는 도산면 원촌리 산기슭에 자리 잡은 작은 암자로, 지금은 월란정사라는 이름으로 바뀌었다. 원래는 월란사 혹은 월안사로 불렸는데, '달빛 물결' (月瀾) 혹은 '달빛 고요' (月安)라는 낭만적인 이름이다. 강세황의 「도산서원도」 우측 끝에도 이 암자가 그려져 있다. 죽 폐허로 남아 있다가 16세기에 농암과 퇴계에 의해 세상에 알려진 곳이다. 농암, 퇴계는 여기서 월란척촉회를 개최했고, 퇴계는 이후 이곳에서 강학을 하기도 했다. 그 후 버려진 정자를 안동김씨들이 중수하여 퇴계의 후손들과 함께 관리하고 있다. 안동김씨들이 월란정사를 중수한 것은 선조 만취당晩翠堂 김사원이 퇴계와 동문수학하며 이 암자에서 공부했던 사실을 기념하고자 함이었다.

'월란사의 철쭉꽃 모임' 이란 철쭉이 피는 봄철마다 월란사에서 농암 · 퇴계를 중심으로 열린 일종의 문학 모임이었던 것으로 추정된다. 450년 전 안동에 이런 모임이 있었던 것은 안동지역에 '강호문학' 을 잉태 · 발전시킨 농암가단이 존재하고 있었음을 증명하는 일이다. 「어부가」, 「도산십이곡」과 같은 걸작은 이러한 배경에서 창작된 것이다. 월란척족회의 전통을 계승하기 위해 1993년부터 안동지방 한문학계의 거두인 권오봉, 이근필, 김창회, 류창훈 선생 등이 논의하여 '속 월란척족회'를 결성했다. 매년 철쭉이 만발한 5월 초에 모임을 열어 한시를 쓰고 읊고 술을 마시며 함께 논다. 5백 년을 지속해 온 이런 시모임이 있다는 것은 한국문화의 켜를 아연 깊어지게 만드는 대사건이 아니랴.

농암의 「어부가」는 이후 퇴계의 「도산십이곡」에 영향을 주었고, 다시 이한진의 「속어부사」, 이형상의 「창보사」 등으로 이어졌으며, 드디어 윤선도의 「어부사시사」로 이어졌다. 윤선도는 「어부사시사」의 서문에서 "「어부사」를 읊으면 갑자기 강에 바람이 일고 바다에는 비가 와서 사람으로 하여금 표표하여 유세독립의 정서를 일게 했다. 이런 까닭으로 농암 선생께서 좋아하셨으며, 퇴계 선생께서도 탄상歎賞해 마지않으셨다"라고 쓰면서 저작권을 명기해 두기를 잊지 않는다.

안동지역에서는 17세기 김응조金應祖, 18세기 권두경權斗經, 19세기 이휘영李彙寧 등의 문집에 "분강에서 농암의 「어부가」를 다 함께 불렀다"는 기록이 남아 있다. 학술적 계승이 아닌 현장 연출로 수백 년의 집단적 전승이 있었음이 엿보인다. 그리하여 농암으로 대표되는 농암가단은 국문학사에 송순宋純-정철鄭澈로 이어지는 '호남가단湖南歌壇'과 쌍벽을 이루었다고 하겠다.

농암은 명예를 포기하여 더 큰 명예를 얻은 인물이다. 우리에게 행복한 인생이 어떤 것인지를 가르쳐 준다. 나라에서는 그의 효와 절개의 정신을 기려 '효절孝節'이란 시호를 내렸다. 조선 500년, '대로大老'라고 불린 인물은 흔하지 않으며, 효절이란 시호 역시 농암이 유일하다. 농암은 지방근무를 거듭 자청했고, 여덟 고을을 살았다. 경관京官을 절대적으로 선호하고 고을살이를 기피하여 국법까지 마련했던 사실을 감안한다면, 농암의 처신은 매우 희귀한 예에 속한다 할 것이다. 외직근무 30여 년에 '청백리'에 녹선된 사람 역시 농암이 유일하다.

하지만 농암의 진면모는 은퇴 이후에 드러난다. 예안에서 수백 년간 지속된 '효'의 전통을 확립한 것이 바로 농암이며, 강호문학의 씨앗을 뿌려 퇴계 같은 문인들과의 교류를 통해 영남의 사상적·문학적 배경을 형성하는 데 지대한 영향을 미친 것도 농암이다. 퇴계가 쓴 「농암선생행장」에는 농암의 모습이 아름답게 묘사되어 있다.

강호에 돌아온 후로는 더욱 산 계곡을 거닐며, 흥이 나면 문득 돌아오기를 잊었다. 나갈 때는 꼭 등산소구를 갖추는데, 때로는 대나무 지팡이에 짚신을 신고 숲을 들어가며, 가마에 두 종과 더불어 들과 개울을 배회하니 농부나 목동들이 그가 재상임을 알지 못했다. 친구들과 일수일석의 청음처를 만나면 언제나 덤불을 깔고 앉아서 득의혼연하니, 술이 불과 두서너 잔에 담소가 무르익어 종일 지칠 줄 몰랐다. 신풍이 쇄려하고 안운岸韻이 삼일森逸하여 한 점 부귀티끌의 기상이 없었다. 간혹 글을 지음에 뜻이 청신하여 젊은이의 호기로운 작품과는 비교할 수도 없었다. 영지사, 병암사, 월란사, 임강사 등의 절을 좋아하였고, 최후에는 임강사에 머물렀다.

때로는 조각배에 짧은 노로 분강을 오르내리며 아이들로 하여금 「어부사」를 노래하게 했다. 그 흥겨움의 표연함은 마치 유세독립遺世獨立의 기상으로 나타나서, 시대의 사람들이 우러러보지 않은 이가 없었고 지나는 이마다 그 문에 나아가 뵙는 것을 영광으로 여겼다.

1) 아! 선생은 이미 그 진락을 얻은 것이다

농암은 숱한 시를 남겼다. 애일당, 긍구당에서 무수한 시들이 흘러나왔다. 농암의 진면모는 시를 통하여 발현되었으니, 정계에서 물러나고 녹림에 투신하면서 오히려 농암의 업적이 더 두드러지게 된 셈이다.

그의 시는 삶과 맞닿아 있다. 많은 시들이 농암종택에 지금 남아 있는 건물과 얽혀 있다는 것이 흥미롭다. 예컨대 애일당에 대한 일련의 시들이 그렇다. 애일당은 농암이 관직에 재직할 당시 어버이를 위해 지어 드린 집으로 농암 유적 가운데 가장 정체성 있는 건물이다. 분강, 농암바위, 강각과 더불어 유서 깊은 '강호문학의 현장'이기도 하며, '애일당' 편액은 중국 제2의 명필이 썼다는 전설이 전해 온다. 김안국, 이언적, 주세붕, 이황, 조사수, 임내신, 황준량 등의 인사들이 끊임없이 내방하여 애일당을 노래하는 숱한 시를 지었다. 애일당에 관해 시를 남긴 명현은 모제 김안국을 비롯하여 무려 70여 명에 달한다. 농암의 아들 매암 이숙량이 애일당을 중수한 후에도 당대의 손꼽히는 시인들이 애일당을 노래했다. 한 건물에 이토록 많은 시가 전해져 내려오는 예는 흔치 않다. 집을 짓고 그 집을 축복하는 노래를 이토록 자주 지었던 조선 중기 문인학자들의 삶에, 존재의 허무와 일상의 무게를 노래하는 오늘날의 시인들의 삶이 자꾸만 겹쳐 보이는 것은 어쩔 수가 없다.

정자를 짓고 난 후 지은 농암의 시다.

조그만 고을 예안, 내 고향	十室宣城是我鄕
선조들의 적선여경積善餘慶이 길이 쌓여 있네.	先祖餘慶積流長
백발 부모는 90세가 넘었고	皤皤雙老年踰耋
슬하에 자손들이 가득하다.	膝下雲仍已滿堂

어버이 봉양에 어찌 나라를 잊을까	親老那堪戀帝鄕

옛사람들은 임금 섬기는 날은 많다고 한다.　　古人猶說事君長

아름다운 분강 굽이에　　　　　　　　　　平泉世業汾水曲

새로 바위 곁에 정자를 지었네.　　　　　　新作巖邊具慶堂

농암은 분강에 우뚝 선 커다란 바위를 특히 아끼며 좋아하였다. 그 바위에 올라서면 강의 물살이 부딪치는 소리 외에는 아무것도 들리지가 않아 귀가 먹은 것 같다 하여 예로부터 '귀먹바위'로도 불렸다. 농암은 이 바위를 "승진, 좌천에 달관한 은자가 산다면 진실로 어울리는 곳"이라 말했으니, 자신의 모습과 꼭 어울린다고 여겼던 모양이다. 그의 호인 '농암'이 바로 이 바위에서 나왔다.

바위는 언문에 '귀먹바위'(耳塞巖)라 했다. 앞강은 상류의 물살과 합류해서 물소리가 서로 향응하여 사람들의 귀를 막으니, 정녕 '귀먹바위'의 이름은 이로써 유래한 것인가! 승진, 좌천에 달관한 은자가 산다면 진실로 어울리어 '농암'이라 하고, 늙은이가 자호로 삼았다.…… 동쪽 긴 강은 멀리 청량산 만학천봉 사이를 굽이돌아 반나절 정도 흘러와 '관어전官魚箭'에 이른다. 빼어난 모습은 긴 성과 같고 바위들의 충격으로 깊은 소沼를 이루는데, 이 소를 '별하연別下淵'이라 한다.…… 이곳부터 물결은 점점 완만해져서 그 모습이 징澄·홍泓·청清·

격激의 모습을 이루다가 드디어 그 물굽이가 농암 아래에 이르
면 넓고 가득하게 퍼지고 쌓여 조그만 배를 띄우고 노를 저을
수 있게 되는데, 이를 '분강汾江'이라 했다.

농암은 바로 그 바위, 농암에 올라 노래 한 수를 읊었으니,
바로 '농암가'다.

농암에 올라보니 노안이 더욱 밝아지는구나
인간사 변한들 산천이야 변할까
바위 앞 저 산 저 언덕 어제 본 듯하여라.
聾巖애 올라보니 老眼이 猶明이로다
人事이 變흔들 山川이쭌 가실가
巖前에 某山 某丘이 어제 본 듯 흐예라

농암은 특히 퇴계와 교류하며 많은 시를 지었다. 분강에는
'농암'과 더불어 '점석'이라는 자리바위가 강 가운데에 있었다.
이 바위에서 농암을 중심으로 독특한 강호풍류가 펼쳐졌는데,
「자리바위에서 퇴계의 시를 따라 짓고 그의 가는 길에 주다」라는
설명이 붙어 있는 농암의 시가 있다.

마루 위 춤추는 독락이 싫어

울타리 국화 따다 누구 머리에 꽂아줄까.

낭자한 노랫소리에 꽃술을 겸했으니

흥을 실어 모두가 풍류를 즐기네.

이렇게 강 위에서 풍류를 즐기는 농암을 신재愼齋 주세붕周世
鵬이 찾아왔다. 그는 청량산으로 유람 가던 길이었던 모양이다.
주세붕은 농암의 따뜻한 대접을 받고 흥에 겨워 함께 춤추고 노
래했다. 농암을 방문한 주세붕의 「유청량산록遊淸凉山錄」의 한 대
목을 읽어 보자.

농암을 분강汾江 가로 찾아뵈오니, 공이 문밖까지 나와 맞이했
다. 방에 들어가 바둑을 두니 곧 술상이 나왔다. 큰 여종이 거
문고를 뜯고 작은 여종이 비파를 불면서 도연명의 「귀거래사」
와 농암의 「귀전부」, 이하李賀의 「장진주사」와 소설당蘇雪堂의
「행화비렴산여춘」 등을 노래했다.

공의 아들 문량文樑은 자가 대성大成인데, 모시고 있다가 '축수
의 노래'(壽曲)를 불렀다. 나와 대성이 일어나 춤을 추니 공이
또한 일어나 춤을 추었다. 이때 공의 춘추 78세로 내 아버지의
연세여서 더욱 감회가 깊었다.

공의 거처는 비록 협소했으나 좌우로 서책이 차 있으며, 마루
끝에는 화분이 나란히 놓여 있었다. 그리고 담 아래에는 화초

가 심어져 있었고, 마당의 모래는 눈처럼 깨끗하여 그 쇄락함
이 마치 신선의 집과 같았다.

「유청량산록」을 좀 더 보면, 신재 일행의 산행 중에 이국량
李國樑, 오수영吳守盈이 찾아왔던 모양이다. 그때 농암의 아들 이국
량이 소매 속에서 무엇인가 꺼내 보였는데, 펴 보니 농암이 신재
의 산행을 기념하기 위해 작곡한 신곡新曲이었다. 신재는 이 신곡
을 이국량으로 하여금 직접 부르게 하고, 이어서 "농암의 다른
노래들도 다 함께 부르니 이것 또한 산중의 기이한 흥취"(使李生歌
聾巖之歌 亦山中一奇興)라 했다. 안동의 선비들이 근엄한 도학 속에
꼼짝도 없이 앉아 있다는 이미지는 잘못된 것이다. 모이면 그들
은 차라리 노래패에 가까웠다고 할 만큼 노래가 일상 속에 녹아
흘렀던 것 같다. 노래엔 춤이 따랐고 춤엔 술이 따랐다. 자기억제
에 눈을 부릅뜬 게 아니라, 벗들과 만나 흥겹게 삶을 구가했다.
농암의 「어부가」는 이렇게 온갖 노래들이 수시로 제작되고 불리
는 분위기 속에서 자연스럽게 창작된 것이었다.

3. 지국총 지국총 어사와

　「어부가」는 농암이 서문을 쓰고 퇴계가 발문을 썼다. 둘의 합작이라고 해도 과언이 아니다. 아니 농암 주변의 문화 서클이 동시에 만들어 냈다고 해도 크게 틀린 말은 아닐 것이다. 퇴계의 「어부가」 발문에는 이런 구절이 나온다.

　박준朴浚이 만든 책에 「어부가」와 「쌍화점」 여러 곡이 있다. 사람들이 저것을 들으면 '수무족답手舞足踏' 하고 이것을 들으면 권태로움으로 잠이 오는데, 이는 웬일인가? 진실로 그 사람 이 아니면 그 음을 알지 못한다.

'수무족답', 즉 손이 춤추고 발이 뛰는 흥겨운 것은 「쌍화점」여러 곡'이고 권태로워 잠이 오는 것은 '「어부가」'를 가리킨다. '권태로워 잠이 오는' 이 「어부가」는 "진실로 그 사람이 아니면 그 음을 알지 못한다"라고 했으니, '그 사람'은 바로 농암이었다. 당시 선비들 사이에서 인기를 잃고 망각되어 가는 「어부가」가 농암에 의해 다시 수집 정리되고 입에 올려 노래로 되살아났다는 의미다.

다음은 농암이 쓴 「어부가」의 서문이다.

노랫말이 한적하고 의미가 심원하여, 읊조리니 사람으로 하여금 공명에 초월하게 함이 있고, 표표하고 아늑한 것이 탈속의 경지가 있다. 이를 얻은 후에는 전에 감상하던 가사는 모두 버리고 오로지 여기에만 뜻을 두었다. 손으로 써서 꽃피는 아침과 달뜨는 저녁에 술잔을 잡고 벗을 불러 분강의 조각배 위에서 영(리듬을 붙인 말로 읊조림)하게 하면 흥미가 더욱 참되어 권태로움을 잊을 수 있었다.…… 이에 개찬하여 일편 12장 가운데 3장을 버리고 9장으로 장가를 만들어 영할 수 있게 하고, 일편 10장은 단가 5장으로 지어 창(곡조를 붙여 노래도 부름)할 수 있도록 새로운 곡을 이루게 했다.

「어부단가」 5장은 다음과 같다. 단가는 창唱할 수 있도록 만든 노래가사다. 곡조를 상상하며 가사를 음미해 보자.

1장
이 중에 시름없으니 어부의 생애로다.
작은 조각배를 끝없는 물결에 띄워 두고
인간세상을 다 잊었으니 세월 가는 줄 알리오.

2장
굽어보면 천길 파란 물, 돌아보면 겹겹 푸른 산.
열 길 티끌 세상에 얼마나 가렸는가.
강호에 달 밝아 오니 더욱 무심하여라.

3장
푸른 연잎에 밥을 싸고 파란 버들가지에 고기 꿰어
갈대 꽃 덤불에 배 매어 두었으니
한결같이 맑은 뜻을 어느 분이 아실까.

4장
산등성이에 한가히 구름 일고 물가엔 갈매기 나는구나.
무심코 다정한 것 이 두 가지뿐이로세.
일생에 시름 잊고 너를 좇아 놀리라.

5장

서울을 돌아보니 대월이 천리로다.

고깃배에 누워 있다 한들 잊은 때가 있으랴.

두어라, 내가 시름할 일 아니니 세상을 구할 현인이 없으랴.

맑고 깨끗한 자연찬미다. 살짝 나라 근심도 해 보지만 "두어라, 나 아니라도 나라 구할 현인이 있을 테니"라고 얼른 관심을 거둔다. 아무것도 부러울 것 없는 자족의 기쁨이 강호자연의 풍경 속에 넘쳐흐른다.

「어부장가」9장은 다음과 같다. 이것은 느릿하게 읊으며 영詠할 수 있도록 만든 가사다. 창이 노래에 가깝다면 영은 산문시 쪽에 가깝다고 할까. 소리 내어 읽어 보면 자연 속에 녹아든 농암의 마음결과 당시 부내의 자연이 함께 잡힐 것 같다.

1장

갯가에 사는 백발 늙은 어부 스스로 말하기를

물가에 사는 것이 산에 사는 것보다 낫다 하네.

배 띄워라 배 띄워! 아침 썰물 다 빠지면 저녁 밀물 밀려온다.

찌그덩 찌그덩 엇-샤! 배에 기댄 어부의 한쪽 어깨가 올라가누나.

2장
푸른 줄 풀잎 위 시원한 바람이 일어나고
붉은 여뀌 꽃잎 가엔 해오라기 한가롭다.
닻 올려라, 닻 올려! 동정호 속으로 바람 타고 들어가리.
찌그덩 찌그덩 엇-샤! 돛대가 앞산을 빠르게 지나가니 벌써 뒷
산이구나.

3장
종일토록 배를 띄워 물안개 속으로 들어갔다가
때로 삿대 저어 달밤에 돌아오도다.
저어라, 저어! 내 마음은 가는 데 따라 모든 일을 잊었어라.
찌그덩 찌그덩 엇-샤! 돛대 두들기며 흐름 따라 정처 없이 흘
러가노라.

4장
만사 무심히 오직 낚싯대에 뜻을 두니
정승의 자리라도 이 강산과는 바꿀 수 없네.
돛 내려라, 돛 내려! 산야에 비바람 치니 낚싯줄 거두리라.
찌그덩 찌그덩 엇-샤! 평생의 자취가 푸른 물결 위에 있도다.

5장

봄바람 석양에 남녘 강물 깊은데

이끼 낀 조그만 낚시터엔 만 가지 버들 그늘.

읊어라 읊어! 푸른 부평초 신세 하얀 해오라기 마음이여.

찌그덩 찌그덩 엇-샤! 언덕 넘어 어촌엔 두서너 집만 보이누나.

6장

탁영가 노랫소리 그치고 모래톱 강변 고요한데

대밭 오솔길엔 아직 사립문이 닫히지 않았구나.

배 세워라, 배 세워! 밤에 남쪽 포구에다 배를 대는 건 주막이 가까워서라.

찌그덩 찌그덩 엇-샤! 뱃바닥에서 질그릇 사발로 홀로 술을 마실 때로세.

7장

취해서 잠이 들자 불러 주는 이 없어

앞 여울로 떠내려 흘러갔어도 알지 못했어라.

배 매어라, 배 매어! 흐르는 물에 복사꽃 떠오면 쏘가리가 살찔 때라.

찌그덩 찌그덩 엇-샤! 먼 강의 풍월이 고깃배에 속했구나.

8장

밤 고요하고 물결 차가우니 고기 물리지 않아

부질없이 온 배 가득 달빛만 싣고 돌아오네.

닻 내려라 닻 내려! 낚시 그만두고 돌아와 작은 다북쑥에 배 매

어 두자꾸나.

찌그덩 찌그덩 엇-샤! 풍류놀이엔 서시 같은 미인을 태우지 않

아도 좋을시고.

9장

한번 낚싯대를 들고 배에 오르고 나면

세상의 명예와 이익은 아득히 멀어지나니.

배 붙여라, 배 붙여! 배를 매고 보니 지난해 흔적이 여전히 남아

있구나.

찌그덩 찌그덩 엇-샤! 엇-샤 소리에 강산은 더욱 푸르러 가네.

「어부가」는 한글로 된 시다. 당시는 시라면 당연히 한문으

로 썼을 시절이다. 한글이 일반적으로 쓰이지 않을 때 굳이 한글

로 시를 지은 것은 농암이 입말을 사랑했기 때문일 것이다. 글이

아닌 말을 사랑한다는 것은 권위를 버린 인물에게나 가당한 일

이다.

　권위란 무거운 것이다. 무겁기에 그토록 얻기 어려운 것일

수도 있다. 남들은 얻기 위해 안달인 그것을 농암은 가졌으면서도 스스로 내려놓았다. 바로 이 부분에 농암의 위대성이 있다. 나는 권위를 내려놓았기에 농암가의 전통인 진정한 효와 적선이 가능했다고 생각한다. 사람은 지닌 것이 너무 많으면 거기 얽매이기 쉽다. 그렇게 되면 부모를 사랑하는 것도 타인을 배려하고 아끼는 것도 진심에서 우러나기 어렵다. 농암은 스스로 어부가 되어 갈대배를 타고 허심탄회하게 한글 노래를 지어 불렀다. 「어부가」에서 반복되는 지국총 지국총 어사와! 그 후렴구의 자유로움과 흥겨움 속에 농암 정신의 진수가 녹아 있는 것을 느낀다.

농암 가문은 우리말 시가 귀하던 시절에 4대에 걸쳐 국문시를 남긴 집안이다. 농암의 어머니 권씨부인이 아들의 승지 벼슬을 축하하는 「선반가宣飯歌」를 남겼고, 농암이 「어부가」를 썼으며, 농암의 아들 이숙량과 종증손 이시李蒔도 당시로선 드물게 우리말로 된 시를 썼다. 재미있는 것은 정철, 박인로와 더불어 '가사문학의 3대가'로 평가받는 조우인曹友仁이란 인물 역시 농암의 증손서라는 사실이다. 조우인은 아마 처가의 전통에서 한글시의 진미를 맛보았던 게 아닐까.

농암의 어머니인 권씨부인이 지은 「선반가」는 안동지역에 우리말로 된 노래의 전통이 흘러오고 있음을 보여 주는 소중한 자료다. 자식이 승진하여 귀향하니 어머니가 기뻐서 절로 덩실거리면서 노래 부른 매우 단순하고 소박한 가사로, 국문학계가 주목하고 있다.

먹기도 좋구나 승정원 선반이여
놀기도 좋구나 대명전 기슭이여
가기도 좋구나 부모 향한 길이여
먹디도 됴홀샤 승졍원 션반야
노디됴 됴홀샤 대명뎐 기슬샤
가디됴 됴홀샤 부모 다릿 길히야

「션반가」

이 노래가 지어진 배경을 농암은 다음과 같이 기록한다. 그
러고 보니 농암은 기록의 달인이었다. 사람들이 오고감과 주고
받은 이야기 내용을 일일이 기록해 놓아 500년이 흘러간 후에도
당시 상황을 생생하게 짚어 볼 수 있게 만든다.

1526년 여름 진해지방 관원들이 해산물의 선적에 비리가 있음
을 조사하라는 특명을 받았다. 달이 넘도록 분주히 다녔으나
끝나지 않았다. 그런 가운데 유서諭書가 내려와 엎드려 보니
뜻밖에 당상관 병조참지에 임명되어 놀라지 않을 수 없었다.
돌아가는 길에 어버이가 계신 고향 예안에 잠시 들러 이 사실
을 말씀드리니, 어머니가 기뻐하시면서 눈물을 흘렸다. 마침

서울 친구가 보낸 '옥관자玉冠子'가 도착하여 곧 부모님 앞에서 망건을 풀고 옥관자를 달았다. 이에 어머니께서 손으로 만지시며 말씀하시기를 "옥관자에 구멍이 많아 꿰는 것이 어렵지 않느냐?" 하셨다. 내가 우스개로 답변하기를 "다는 것이 어렵지 어찌 꿰는 것이 어렵겠습니까" 하니, 온 집안이 기쁘게 웃었다.…… 다음 해 봄 동부승지에 임명되어 여가를 얻어 찾아뵈오니, 어머니께서 미리 소식을 듣고 언문노래를 지어 아이 계집종에게 "승지가 오거든 내가 지은 노래로 노래하라" 했다. 그 노래는, "먹디도 됴흘샤 승정원 선반야, 노디도 됴흘샤 대명던 기슬갸, 가디됴 됴흘샤 부모 다힛 길히야"였다. 이는 대개 어머니가 어려서 부모를 여의시고 외삼촌인 문절공文節公(金淡) 댁에서 성장하시어 '승지' 벼슬이 귀한 것을 알았던 까닭이다.…… 내가 과거에 급제하여 경향으로 벼슬길에 다닌 것이 어언 40년, 어버이를 모신 지가 이미 여러 해이나 오직 이 두 가지 일이 가장 즐거웠다. 즐거웠던 추억과 당시에 지은 시들을 버릴 수 없어 작은 책을 만들었다.

농암가엔 이렇게 노래와 춤이 상시로 있었다. 손이 오면 강에 배를 띄우고 노래했고, 벼슬을 해 온 아들을 축하하러 어머니가 노래를 지었다. 부모와 동네 어른들을 모셔 두고 나이든 아들이 그 앞에서 활활 춤을 추었다. 철쭉꽃이 피면 벗들이 모여 시를 짓고 강물 위에 잔을 띄워 유상곡수流觴曲水를 했다. 유상곡수란 강 위쪽에 앉은 이가 흘러가는 물에 술잔을 띄우면 아래쪽에 앉은 사람이 받아 마시는 놀이다. 물론 퇴계와 농암이 가장 자주 유상곡수를 하며 놀았다. 농암은 그토록 팍팍한 시대에도 삶을 유유자적 누리는 법을 알았다. 퇴계가 농암의 삶을 보고 진락眞樂이 여기 있다고 탄복한 것도 그 일상적인 노래와 춤과 여유 때문이었을 것이다. 그리고 그 진락에서 나온 것이 바로 효와 적선이었지 그 반대는 아니었을 거라고 나는 생각한다.

제3장 농암가에서 이어져 오고 있는 것들

1. 16세기 평균연령 80세

　　최근의 과학자들은 건강과 수명이 사람의 심리상태와 밀접한 관련이 있다고 입을 모아 말한다. 행복감, 안정감 등의 정서적인 요인이 장수에 큰 영향을 끼친다는 것이다. 그렇게 본다면 농암 가문은 수명에 관해 연구할 만한 가문이라 할 수 있다.

　　농암 가문의 장수는 상상을 초월했다. 농암을 중심으로 농암 89세, 아버지(欽) 98세, 어머니(안동권씨) 85세, 숙부(鈞) 99세, 조부(孝孫) 84세, 조모(청주양씨) 77세, 증조부(坡) 76세, 입향조인 고조부(軒) 84세, 외조부(權謙) 93세, 외숙부 두 분(權受益, 權受福) 각각 93세와 73세, 외사촌(權矩) 85세였다. 동생들(賢佑, 賢俊) 각각 91세와 86세, 아들 문량 84세, 희량 65세, 중량 79세, 계량 82세, 윤량 74

세, 숙량 74세, 조카인 충
량忠樑과 수량遂樑이 각각
71세와 89세이니, 참으로
보기 드문 일이었다. 또한
문량의 증손자(榮運)와 고손
자(養直)도 각각 94세, 82세
까지 살았다. 1500년대에
평균 연령 80세, 그것도 7
대 200여 년에 걸쳐 계속되
었으니 기네스북에 오를
일이 아닌지 모르겠다.

욕심 부리지 않는 마
음, 반상의 분별을 지우는
마음, 배 위에 앉아 노래 부
르는 마음, 동네 어른들을
모아 경로잔치하는 마음,

사랑채 대청에 걸린 선조대왕의 어필
"積善之家 必有餘慶"에서 나온 글귀이다.

환갑을 넘겼어도 부모 앞에서 색동옷 입고 춤추는 마음, 그런 마
음들이 모여서 심신의 건강을 얻었을까.

짐작건대 농암 가문의 장수는 분천의 조화로운 자연환경과
욕심 없는 삶 때문인 것 같다. 영천이씨 가문에서 효孝와 경로의
전통은 매우 자연스러운 일이었다.

1519년 9월 9일 중구일이었다. 농암은 이날 안동부사의 신분으로 남·여·귀·천을 막론하고 안동부내 80세 이상 노인을 한자리에 초청하여 경로잔치를 벌인다. 이를 '화산양로연花山養老宴'이라 불렀는데, 화산花山이란 안동의 옛 지명이다. 이 잔치에서 주목할 만한 점은 여자와 천민을 함께 초청했다는 점이다. 신분의 고하를 묻지 않는 잔치였다. 안동 전체의 노인을 초대한 경로잔치였다.

퇴계는 농암을 두고 "자제와 노비들을 편애하지 않았고, 혼사도 문벌집안을 찾지 않았으며, 사람을 대접함에 빈부귀천을 가리지 않았다"라고 기록한다. 화산양로연이 바로 그 좋은 본보기다. 당시의 사회가 삼엄한 신분사회였음을 생각할 때 실로 파격적인 일이다. '경로敬老'와 박애에 대한 농암의 가치관을 잘 보여주고 있다.

그뿐이 아니다. 농암은 일찍이 1512년 분강의 기슭 농암바위 위에 부모를 위해 정자를 지었는데, 그 정자가 바로 '애일당愛日堂'이다. '애일당'은 '날을 사랑하는 집'이다. "부모님이 살아계신 날을 사랑한다"는 의미에서 지어졌다. 훗날 농암은 그 애일당에서 아버지를 포함한 아홉 노인을 모시고 경로회를 조직한다. '애일당구로회'가 바로 그것이다. 그 무렵은 벌써 농암 자신이 이미 70세가 넘은 시점이었다. 이에 관련된 농암의 기록이 있다.

계사년(1533) 가을, 내가 홍문관부제학이 되어 내려와 성친省親하고 수연壽宴을 베푸니 이때 선친의 연세가 94세였다. 내가 전일 양친 모두 계실 때 이웃을 초대하여 술잔을 올려 즐겁게 해 드린 것이 한두 번이 아니었다.…… 이날 백발노인들의 모임도 서로서로 옷깃과 소매가 이어지며 간혹은 구부리고 간혹은 앉아서 편한 대로 하니, 진실로 기이한 모임이 아닐 수 없었다.…… 이런 연유로 '구로회'를 열고 자제들에게 이 사실을 기록하게 했다.

농암의 이런 효행은 조정으로 알려졌고 큰 반향을 불러일으켰다. 당대 명현들인 박상朴祥, 이행李荇, 소세양蘇世讓, 정사룡鄭士龍, 이장곤李長坤, 김세필金世弼 등 40여 명이 축시를 보냈으며, 이후 애일당으로 김안국金安國, 이언적李彦迪, 주세붕周世鵬, 이황李滉, 조사수趙士秀 등의 인사들이 끊임없이 예방했다.

'애일당구로회'는 '효'의 전통이 농암 당대뿐만이 아니라 후대까지 계속해서 농암의 가문에 전승되어 내려오고 있음을 보여 준다. 구로회의 전통이 농암 생존 당시에 시작되어 무려 1902년까지 전승되었다는 것이다. 한 집안에서 400여 년을 이어 온 경로잔치의 전통은 동서양을 막론하고 그 유래를 찾기 어렵다.

'자제들에게 기록하게 했다'는 농암의 말대로 농암종택에는 구로회에 관련된 여러 책이 필사본으로 전한다. 『애일당구경첩』,『애일당구경별록』,『애일당구로회첩』,『분양구로회첩』 등 관련 문헌들이 남아 있는데, 현재 보물로 지정되어 있다.

이들 책의 내용을 토대로 하여 살펴보면 퇴계 역시 애일당구로회의 일원이었음이 드러난다. 1569년 봄 퇴계는 나이(70세), 회원정족수(9명), 형(李澄)의 참여 등을 이유로 사양했으나 회원들의 권유로 가을부터 참여했다. 그때 퇴계는 "내 나이 70 미만이고 회원도 아홉이 이미 찼으니 어찌 참석할 수 있겠습니까. 그렇지만 권하시니 끝자리로 하겠습니다. 또 형님이 계시니 당연히 그리해야 합니다"라고 했다.

1602년 기록에는 "이때 오천의 한 상민이 왔는데 나이가 101세"라는 흥미로운 사실도 보이며, 1705년 이원필의 기록에는 '속로회', '백발회' 등으로 명칭을 변경한 것이 "회원이 점점 많아져서 '구로'라는 명칭을 쓸 수 없었기 때문"이라 했다. 1902년의 모임에는 회원 수가 37명, 나이 합계 2,651세라 했다. 나이의 합계를 계산하는 것이 흥미롭다. 이들 모임에서는 때마다 시문을 지었다. 그 가운데 퇴계 10대 종손인 이휘영의 글을 보면 애일당구로회의 모습을 미루어 짐작할 수 있다.

아아! 농암 효절공께서 애일당을 지음은 진정 뜻이 있음이다.
전에 내가 문집을 보니 '구로회', '속구로회', '속로회', '백발회' 등의 여러 이름으로 모임이 이어졌는데, 대개 70세 이상

노인 열두세 명이 항상 모였다.

안동의 옛 풍속이 나이는 숭상하나 관직은 숭상하지 않은 까닭으로, 수십 인의 노인들과 애일당 산간을 나와 탁영담으로 올라와 작은 배를 타고 흘러 내려가다가, 귀먹바위 아래에서 배를 묶어 두고 술을 한 잔씩 돌리며 「어부가」 3장을 노래했다. 높은 갓과 백발들의 그림자가 산수에 비치는데, 음식은 마른고기·젓갈·국수·밥으로 불과 다섯 그릇도 안 되니 그야말로 진솔하다 할 수 있다.

주인도 없고 나그네도 없다. 스스로 술을 마시고 안주를 먹었다. 날이 저물어 해가 떨어지고 달이 마루에 떠오르나, 이미 취하고 또 취하여 모두 돌아감을 잊었더라.

한강寒岡 **정구**鄭逑**는 다음과 같은 글로 애일당구로회를 찬양했다.**

아아! 농암 상공께서는 벼슬이 숭품(崇政大夫)에 있으면서도 세속의 영리를 던지고 풍류의 아름다운 도량을 지녔으니, 거의 고인古人에 비교해도 뒤지지 않는다고 할 수 있다. 상공께서 양로연을 개최함은 처음 그 부모를 봉양하기 위함이었다. 그런데 그 효도의 지극함은 노래자老萊子도 하기 어려운 것이니, 사람들이 추앙함은 당연한 것이다. 또한 퇴계 선생께서도 참

석하셨으니 더욱 그러하다.…… 지금 이 구로회가 어찌 예안
한 지역만의 일이랴! 마땅히 우리 동방 곳곳으로 알려 그 아름
다움을 칭송할 일이다.

그 외에도 애일당구로회에 대한 글은 퍽도 많다. 그중 월천
조목의 시에 구로회의 분위기가 잔잔하게 남아 있다.

애일당 머리에서 달을 감상하는 늙은이들
계수와 오동 그림자에 빠져드네.
맑은 정취를 어찌 시로 표현하랴.
염계의 도학을 배워 가슴을 씻고저 한다.

이 시를 보면 노인이 된다는 것은 신선이 된다는 의미처럼
느껴질 지경이다.

2. 색동옷을 입고 춤추다

　　농암의 효는 형식적인 절차에 묶여 있는 것이 아니었다. 화산양로연 이야기를 조금 더 자세하게 들여다보자. 농암은 화산양로연이 『맹자』의 "남의 부모를 내 부모처럼 섬기는"(老吾老以及人之老) 전통을 이어받은 것이라고 생각했다. 여자와 천민까지도 함께 초청했다는 것은, 농암이 효를 단순히 박제된 이념이 아니라 실질적인 애민사상으로 이끌어 냈음을 보여 준다. 안동 땅을 무대로 하여 『맹자』의 텍스트를 살아 있는 움직임과 시끌벅적함으로 구현해 냈다.

　　농암은 이 자리에서 고을 원의 신분으로 색동옷을 입고 춤을 추었다. 이 '색동옷의 희롱'은 중국의 '노래자老萊子의 효도'를 그대로 재현한 것이다. 이 모임에는 충재冲齋 권벌權橃이 그 부친을 모시고 왔는데, 『애일당구경첩』의 그림 속에 앉아 있는 어느 한 분이 충재의 부친일 것이다.

농암의 화산양로연을 축하하여 시를 선물한 이는 서른여섯 분에 달하는데, 여기에는 당대의 명현거유들이 거의 망라되어 있다. 그 뜻을 잇기 위함인지 최근에 의성김씨인 포항공대 김호길 총장이 그의 아버지의 수연에 색동옷을 입고 춤춘 바 있었다.

농암은 색동옷을 입고 춤추었던 양로연에 대해 다시 시를 쓴다.

풍년 9월 하늘 아래
노인들을 청내로 모셨네.
서리서리 백발들이 손잡은 주변에
단풍 국화가 가득하네.

나누어 수작하는 자리
내 · 외청에 음악이 이어지네.
색동옷 입고 술잔 앞에 춤추는 사람 괴이하다 하지 마라.
태수 양친이 또한 자리에 계심이다.

문화부가 이달의 문화인물로 농암 이현보를 선정할 때 타이

틀이 '때때옷을 입은 선비' 였다. 농암은 화산양로연 이후, 애일당을 짓고 70세가 넘는 노구를 움직여 색동옷을 입고 잔치에 참여했다. 애일당을 일컬어 '효' 라는 추상을 눈에 확실히 보이는 구상으로 만들어 놓은 집이라고 하는 것은, 바로 농암의 그런 행동이 있었기 때문이다.

농암의 시호는 효절공孝節公이다. 왕이 내리는 시호는 한자 몇 글자로 그 인물의 됨됨이를 선명하게 각인해 놓는데, 시호를 받은 조상이 있다는 것은 한 가문의 최고의 자랑이다. 그리고 500년 조선을 통틀어 효절이란 시호를 얻은 이는 농암이 유일하다.

이 같은 측면은 첨예한 당시 정계 동향에서 정의로움과 조화로움을 견지했던 농암의 인격을 반증하는 것이다. 농암은 만년에 애일당 난간에 홀로 서서 시 한 편을 지었다. 농암의 성품을 보는 듯 깨끗하고 탈속함이 묻어나는 시다.

대 앞 흐르는 물은 은 천 고랑.	臺前流水銀千頃
집 뒤 봉우리는 옥 한 떨기.	堂後孤峯玉一叢
깊은 밤, 난간에 의지하니 잠은 오지 않는데	夜久倚欄淸不寐
달빛에 산 그림자 강에 기울어지고.	倒江山影月明中

3. 아름다운 것만이 오래 살아남나니

농암 가문에 내려오는 유적과 유품은 무척 많다. 그중 보물이 두 점이고 유형문화재가 다섯이다. 한 가문에 유형문화재 이상의 유물이 이 정도로 많이 남아 있는 것은 놀라운 일이다. 보물은 영정과 책들로, 책 속에는 그림도 여럿 들어 있다.

유적 중에서 긍구당肯構堂은 경상북도 유형문화재 32호로 지정되어 있는 건물이다. 편액은 영천자靈川子 신잠申潛이 썼다. 신잠은 문장과 서·화에 능해 3절로 일컬어졌던 인물로, 특히 묵죽과 포도 그림에 뛰어났다고 한다. 애일당愛日堂은 경상북도 유형문화재 34호로 지정되어 있으며, 농암사당聾巖祠堂(숭덕사)은 경상북도 유형문화제 31호, 신도비神道碑는 경상북도 유형문화재 64

호로 지정되어 있다. 신도비에는 건립에 관련된 사람들이 자세히 기록되어 있다. 신도비는 1565년 2월에 세워졌는데, 비문은 대제학 홍섬洪暹이 지었고 글씨는 여성군礪城君 송인宋寅이 썼으며, 이건고유문은 이유헌李裕憲, 발문은 이만도李晚燾가 썼다고 되어 있다. 농암聾巖, 선생先生, 정대亭臺, 구장舊庄 8글자가 선명하게 새겨진 농암각자는 경상북도 유형문화재 43호로 지정되어 있다. 그 외에도 분강서원, 농암종택, 그리고 농암이 자호를 인취한 바위인 농암 등이 유적으로 남아 있다.

최근에 세워진 것으로 농암가비聾巖歌碑가 두 개 있다. 도산서원 진입로 입구에 세워진 첫 번째 가비의 글씨는 모산 심재완이 썼고, 가송리 입구 국도변에 세워진 두 번째 가비의 글씨는 삼여재 김태균이 썼으며, 글은 김호종 안동대 교수, 제작은 심세일 성균관대 교수가 맡아 하였다.

유품들도 면면이 화려하다. 농암의 영정 두 점 중

농암 선생 영정

한 점은 보물 872호로 지정되어 있다. 영정은 1537년 경상감사 집무 모습을 대구 동화사 승려 옥준玉峻이 그린 것이다. 이 영정 외에 다른 영정은 1972년 추사 김정희가 추천한 소당小塘 이재관이 그린 것으로 경상북도 유형문화재 63로 지정되어 있는데, 그 제작 과정이 적힌 『영정개모일기』가 있다. 선생의 모습에 대해 연산군은 "검열은 얼굴이 검붉고 볼에 털이 난 자였다"라고 했고, 사관은 "강직하고 공명정대한 공무수행에 모두들 '소주도병 燒酒陶甁'이라 했으니, 이는 외모는 검으나 심성이 냉엄하다는 뜻"이라 했다. 1997년 삼성갤러리의 몽유도원도와 함께 조선 전기 국보전에 전시된 바 있다.

보물 1202호인 『애일당구경첩』은 특별히 가치가 있다. 김안국, 김극성, 김세필, 김연, 김영, 김세경, 김안로, 남곤, 류희령, 문관, 박상, 성현, 소세양, 소세량, 손수, 심사손, 어득강, 어영준, 황한충, 이황, 이행, 이항, 이희보, 이태, 이장곤, 이사균, 이위, 유중익, 유환, 조신, 장옥, 정사룡, 홍언국, 황여헌, 황효헌, 황필, 옥봉야로, 추계자, 치청, 치호의 친필 시가 실려 있다. 당시 농암과 교류했던 인사들이 누구였는지를 생생하게 웅변하는 책이다. 『애일당구경별록』에는 「효빈가」, 「농암가」, 「생일가」 등의 시조작품과 황준량, 권응정權應挺, 권응창權應昌, 이문건李文健의 친필 시가 실려 있다. 『애일당구경첩』과 『애일당구경별록』, 『농암집』 필사본, 「은대계회도銀臺契會圖」(승지 시절 함께한 동료들과 계모임을 할 때 그린 그림. 계원은 도승지 南世健, 좌승지 鄭百朋, 우승지 吳準, 좌부승지 金光轍, 전우부승지 李賢輔, 우부승지 梁淵, 동부승지 趙仁奎, 주서 李夢亮, 주서 李元孫의 7인이다),「분천긍호록汾川肯好錄」, 교지敎旨·교첩敎牒, 『농암면례일기』 및 『영정개모일기』, 『구로회첩九老會帖』, 내사본內賜本 등은 함께 보물 1202호로 묶여 있다. 임금이 농암에게 내렸다는 금서대는 경상북도 유형문화재 63호로 지정되어 있다.

그 외에도 농암 가문에는 추원재追遠齋, 자운재사紫雲齋舍 등의 고가가 있으며, 최근 한국국학진흥원에 6천여 점에 이르는 '고문서'와 '목판' 등의 종택 보관 유물을 기탁하였다. 이는 그 분량에서 도산서원, 퇴계종택 등과 더불어 압도적인 것으로, 국학진흥원은 별도의 목록작업을 하고 있다. 유물 가운데는 '내사본' 책 8권을 비롯한 보물급 문화재가 상당수 포함되어 있는데, 특히 1700년 무렵부터 농암종택으로 부쳐 온 여러 문중과 선현들의 편지들이 대부분 봉투 그대로 고스란히 보관되어 있다. 이들 역시 후일 공개되면 향토문화의 한 단면을 여실히 보여 주는 귀중한 자료가 될 것이다. 또 「창원일기創院日記」, 「복원일기」를 비롯한 분강서원 관련 고문서들도 가지런히 보존되어 있어 서원 연구에 좋은 자료가 될 것이다.

한 가문에 이렇게 엄청난 책과 유물이 보존되어 있다는 것은 희귀한 일이다. 오래된 가문이란 전해 오는 정신에서도 그렇지만 보존되는 유물로서도 눈부신 가치를 지닌다. 그런 의미에서도 우리 역사와 문화에 자존심을 가지려면 종가를 존숭하는 정신이 되살아나야 한다고 생각한다.

　문화적, 학술적 가치가 빼어난 그런 유물을 종가가 독점하지 않고 국가기관에 기탁한 것도 훌륭하다. 물론 개별 종가 차원에서 보존하기 쉽지 않다는 점도 있었겠지만, 후손들의 의견이 통일되지 않고서는 어려운 일이었을 것이다. 종가의 그런 결정에도 손뼉을 쳐 줘야 한다는 게 내 생각이다.

1) 당대 명현들의 흔적이:『애일당구경첩』(보물 제1202호)

　『애일당구경첩愛日堂具慶帖』에는 당대 명현 43명의 친필 시와 함께 「화산양로연도」, 「분천헌연도」, 「재천정전별연도」의 그림 3점이 남아 있다. 『애일당구경별록愛日堂具慶別錄』에는 「효빈가」, 「농암가」, 「생일가」 등의 국문시조작품이 있다. 여기 실린 내용은 따로 국학진흥원에서 『귀중본자료집』으로 발간한 바 있다.

　『애일당구경첩』은 서지자료로서 몇 가지 특이사항이 있다. 워낙 여러 사람들의 시가 실렸으니 그들의 신원을 석연히 알 수 없는 경우가 있다. 우선 용재라는 호를 가진 인물이 누구냐 하는 의문이다. '용재慵齋', '옥봉야로玉峯野老', '추계자秋溪子', '치청稚淸', '치호稚湖'라고 쓴 분인데, 『농암집』에는 성현成俔이라 되어 있으나 성현은 1505년에 죽었고 이 시가 지어진 것은 1519년 이후이니 맞지 않는다. 또 다른 '용재' 이종준李宗準은 이미 1499에 죽었으니 이 또한 아니다. 『용재집』에도 그런 불확실성을 작은 글씨로 써 놓았다. 농암 종손 이성원은 집에 있는 이런 시들을 꼼꼼히 읽고 저자들을 추적해 들어간다. 다른 집 후손들과도 교유하며 남의 문집도 숱하게 찾아 읽었다. 그는 한문학을 전공했고 어려서부터 선친에게서 글을 배웠으니 다른 종손들과 달리 한문 해독이 자유롭다. 그래서 농암가의 유품들은 유물관에서 먼지를 쓰고 묵는 일이 없이 분석되고 탐구되고 논증된다. 이성원은 이렇게 쓴다.

'(『애일당구경첩』에 등장하는) 낙서호숙洛西浩叔'도 밝혀지지 않은 사람이었다. 2001년 안동대학교 '농암학술대회' 이후, 중종 때 좌찬성을 지낸 이항李沆이라는 것이 밝혀졌다. 좌찬성을 역임했음에도 불구하고 '인명사전'에도 올라 있지 않은 사람이었다.

이항은 남곤南袞의 심복으로 정암 조광조를 처형한 장본이었다. 기묘년 참극을 '기묘사화己卯士禍'라 했지만, 후일 '기묘명현己卯名賢'으로 복권되자 상황이 반전되었다. 처단에 앞장섰던 사람들은 그 반대의 평가를 역사상 안게 되었고, 사람들의 뇌리에서 망각되어 갔다. 기억할 필요도 없으니 기록으로 남길 인물은 더욱 못 되었던 것이다. 그러나 『애일당구경첩』에는 놀랍게도 남곤南袞의 시가 있다. 남곤 글씨는 전국에 거의 없다. 남곤은 조광조와 대척관계에 있었으며, 소인배로 지목되고 기묘사화를 일으킨 장본인이 되어 이항처럼 역사상 사림 집단으로부터 가장 기피된 인물이다. 그런 연유인지 남곤은 자신의 글을 생전에 모두 태워 버렸다. 그래서 지금 글이 거의 남아 있지 않다. 사실 남곤은 당대의 문장가였다. '문형文衡' (대제학)을 역임했다. 글의 효용성을 두고 조광조와 첨예하게 대립하여 문학사에 이른바 '사장파詞章派'와 '도학파道學派' 의 담론을 구체화시킨 인물이다. 전자는 '문장 수사'를 중요 시했고, 후자는 '바른 도덕'을 강조했다. 당시 글에 대한 이론 투쟁은 시국을 보는 안목에 기인한 것이었다. 중국과의 외교 에 '문장력이 중요하다'는 주장과 만연한 부패관료들에게는 '윤리의식이 시급하다'는 것이 문학관의 차이이자 시국관의 차이였다. 결국 이런 상이한 세계관이 '기묘년의 참극'을 낳 았지만, 한편으로는 우리 문학사를 풍부하게 한 요인이기도 했다.

『애일당구경첩』은 농암이 생전에 작첩해 놓은 것으로 보이 고, 『애일당구경별록』은 농암 사후 아들 문량과 숙량, 그리고 손 서 황준량이 보완하여 묶은 책이다. 후대에 새로 작첩하면서 남 곤의 시를 빼지 않고 그냥 둔 것은 아버지가 작첩한 책을 건드릴 수 없었기 때문인 듯 보인다. 영남 선비의 책에 남곤의 시가 그대로 실려 있다는 것은 놀라운 일이다. 이미 사림집단으로부터 '천벌 받을 악인'으로 지목되었고 그와 심정의 이름에서 따온 '곤질곤질하다', '곤정거린다'라는 말이 영남에서 일반인들의 입에 널리 유포될 정도였으니, 이들이 얼마나 배척받은 인물인지 알만하다.

이 책에는 사림집단으로부터 기피당한 또 한 명의 거물 정객 김안로金安老의 시도 실려 있다. 김안로의 시는 끝에 "희락당병부와초希樂堂病夫臥草"라 쓰여 있다. '희락당'은 호이니, 해석하면 "병든 김안로가 병석에서 겨우겨우 지었다"이다. 필사본 『농암집』에는 남곤과 쌍벽을 이루는 심정沈貞의 시도 있다. 감정이 틀어진 것은 후일의 일이고, 소장관료일 때는 남곤도 심정도 농암과 축하 시문도 주고받는 그런 사이였음을 보여 준다.

이런 내용들을 흥미롭게 파고든 것은 물론 이성원의 힘이다. 그는 『애일당구경첩』에 나중에 삽입된 한 편과 빠진 한 편이 있다는 것도 발견해 냈다.

나중에 삽입된 한 편은 퇴계의 글씨인데, 내용은 퇴계가 농암에게 보낸 「농암선생내림한서聾巖先生來臨寒栖」와 「삼월삼일우중우감三月三日雨中寓感」이라는 제목의 시이다. 이 퇴계의 시는 책에 실린 다른 시와 달리 '연筵', '당堂' 자의 운을 따르지 않았다. 그래서 나중에 삽입되었다고 추정하는 것이다.

빠진 한 편은 월연月淵 이태李迨의 시로, 어찌된 일인지 월연의 시는 똑같은 것이 두 편 실려 있었다. 현 종손의 선친인 용헌 선생이 오래 전에 그 한 장을 후손인 벽사 이우성에게 주었다고 한다. 벽사 선생은 월연의 육필은 어디에도 없다고 하며『애일당구경첩』에 실린 선조의 시를 진정 갖고 싶어했다는 것이다. 그래서『애일당구경첩』에서 유일하게 빠진 한 편이 되었다. 벽사 선생은 이 시를 가첩에 작첩하고, 그 아래 '농암종택에서 얻었다'고 그 연유를 적었다. 그런 내용이 실린 가첩을 받아 든 용헌 선생도 몹시 흐뭇해 하셨다고 한다. 조상의 시는 그렇게 오랫동안 살아남아 후손들 사이를 묶어 주는 기능까지 한다.

김세필이란 어른의 경우는 더욱 특별하다. 농암 종손 이성원은 2011년 6월에 경기도 안성에서 열린 경주김씨 김세필 종가의 문집발간식에 귀빈으로 초대받았다. 안동에서 일부러 참석한 것은 실로 500년 만에 답례를 하기 위함이었다. 바로『애일당구경첩』에 경주김씨 선조인 김세필의 시가 실린 인연이었다. 멀리 안동 땅에 자기 조상의 시가 실린 문집이 있다는 것을 알게 된 경주김씨 종가에서 몹시 생광스러워하면서 농암 종손에게 초대장을 발송했던 것이다. 종손은 그 자리에서 아주 뜻깊은 축사를 했다.

2) 농암영정과 금서대

농암종가는 목판류 110점, 고서류 1,517책, 고문서류 2,908점, 기타 유물 24점 등 모두 4,569점을 한국국학진흥원에 기탁했다. 여기에는 특히 보물자료로 지정된 「농암 이현보 영정」 진본이 있는데, 후손들이 제작한 모사본은 왕께 받은 금서대金犀帶와 함께 시도유형문화재로 지정되어 있다. 또한 『애일당구경첩』(상·하)을 비롯하여 『애일당구경별록』, 『계사구로회첩癸巳九老會帖』, 『농암유고초聾巖遺稿草』, 『정동면례시일록亭洞緬禮時日錄』, 『당음비사棠陰比事』, 『분천강호록汾川講好錄』 등의 고서류는 여타 고문서류 및 회화류와 함께 보물로 지정되어 있다. 이 가운데는 농암의 다섯째 아들인 관암串巖 이계량李季樑의 후손 이재갑이 소장한 고서류 99점, 고문서류 1,208점, 기타 3점이 포함되어 있다. 농암종택의 전적이 이렇게 두 군데로 나누어져서 전래된 데는 연유가 있다.

농암종택은 9세손 이민배李敏培가 1718년 후사 없이 사망한 이래로 약 20년간 항렬에 따른 양자의 적임자가 없어 후계를 결정하지 못하고 있었다. 그러다 보니 농암의 불천위 제사를 비롯한 종가의 제사는 윤회봉사의 방법을 채택해, 분천에 사는 자손들이 돌아가면서 제수를 마련하여 애일당愛日堂에서 지내 왔다. 그 뒤 종중회의에서 지손 가운데 이지흡李祉燴을 양자로 들여 종손으로서 종가의 혈통을 계승하도록 했다. 그러나 1727년에 태어난 이지흡 역시 나이가 어려 곧바로 종가로 들어가지 못하고 10여 년이 지난 뒤에서야 종손으로서의 제반 역할을 담당하게 되었다.

그러한 와중에서 결국 농암종가는 약 30여 년 동안 비어 있다시피 하게 되었고, 그 여파로 종택에 소장되어 있던 조상의 유품들도 관리가 제대로 되지 않았다. 그리하여 당시 가문의 문장門長으로서 긍구당에 상주하며 가문의 제반 업무를 처리하던 이지흡의 생가 사촌들인 이상흡李祥爀·이만흡李萬爀 등이 이 문제를 논의하다, 결국 각각 나누어 보관하기로 하였다. 이것이 농암 종택의 유품들이 밖으로 나가게 된 배경이다. 종가에 종손이 부재하면 유품도 가풍도 제대로 지키기 어렵다. 있을 땐 모르다가도 없으면 빈자리가 뻥 뚫어져 보이는 것이 종손의 자리다.

이만흡은 농암의 셋째 아들로서 강원감사를 역임한 이중량李仲樑의 집안인 영덕군 인량리 삼벽당三碧堂의 양자로 들어갔다. 이 때문에 『애일당구경첩』, 『당음비사』를 비롯한 금서대 등의 농암종가 유물 일부가 삼벽당에 보관되어 있었는데, 후손 이상교가 1960년대 초에 그것을 종택에다 이관시켰다.

그리고 이상흡의 후손인 이재갑은 2003년 여름 가송리 유적을 둘러본 후 농암종택에 어떤 조건도 없이 일체의 유물을 기증하겠다고 했다. 이를 인수한 농암 종손 이성원은 이들 유물을 종

2008년 4월 유교문화박물관에서 열린 〈기탁문중 특별전〉에서 농암 종손 이성원이 각계에서 찾아온 손님들을 맞고 있다.

가로 옮기지 않고 곧바로 한국국학진흥원에 기탁했으며, 그 연유와 내력을 소상하게 알 수 있도록 구분하여 정리해 주기를 요청하였다.

현재 한국국학진흥원에 기탁된 농암종택의 전적들은 위의 설명처럼 크게 세 군데로 나누어져서 전래되어 왔던 것이다. 즉 농암종택, 영덕 인량리, 영주 부석, 이 세 곳에서 소장해 오던 유물들을 후손들이 아무 분쟁 없이 다시 하나로 모았다. 아름다운 일이다. 앞으로 비슷한 경우에 처해 있는 문중 소장 유물들을 후손들이 어떠한 태도로 접근해야 할지에 대한 바람직한 사례로도 소개할 만하다.

제4장 정신을 눈에 보이는 형상으로 짓다

1. 농암 누정건축의 특징

　　강호가도를 창도한 농암에게 자연은 문학의 중심 주제였다. 농암은 건축에 자연을 적극적으로 끌어들였다. 구성과 조경에서 농암의 자연관이 여실히 드러난다. 애일당은 높은 바위 위에 건립하였고, 긍구당은 높은 기단 위에 전열의 기둥을 길게 처리하여 전체적으로 누각처럼 보이게끔 하였다. 그것은 바닥이 고르지 못하고 경사가 있는 부내의 지형적인 특성 때문이기도 하지만, 동시에 빼어난 주변 경치를 바라보기 위함이었다.

　　농암종택의 건축물들은 전체적으로 툇마루를 누마루처럼 활용하고 있다. 가옥이자 누각인 셈이다. 이러한 형태는 영남지방의 특징으로 꼽히는 것이다. 영남지방의 정자는 순수한 정자라기보다는 주거와 강독의 기능을 동시에 가지거나 인접한 곳에 살림집을 두고 항시 생활할 수 있는 소위 사랑 및 별당으로서의 기능을 가진다.

기단차를 이용한 조경은 양동 관가정, 독락당의 계정과 비견되는 독특한 기법이다. 명농당 터에는 연못인 영금당을 팠지만, 애일당은 바위 위에 세워졌으므로 연못을 파는 대신 분강을 바라보도록 하였다. 강 자체가 저절로 거대한 연못의 역할을 하는 셈이다.

농암이 조영한 누정의 건립 바탕에는 분강의 산수를 조망하기 위한 의도가 깔려 있지만 귀거래, 수양, 문풍진작이라는 성리학적 도가 겹쳐 있다. 농암은 오랜 관료생활에도 불구하고 일찍부터 '귀거래'의 의지를 가지고 있었다.

16세기의 문학적 전개 과정은 누정을 배경으로 삼고 있다. 농암의 애일당과 긍구당, 퇴계의 계상서당과 도산서당 등이 바로 그 무대다. 건축은 누정, 정자, 서당 등으로 차이가 있지만 기능상으로는 효제, 양로, 귀거래라는 '성리학적 도'를 수용하여 영남만의 특성을 이루어간다는 점에서 다르지 않다.

농암의 누정건축은 기능적으로는 속세로부터 초탈한 이상세계로서의 자연 친화를 통해 강호가도를 실현하고 그 속에 성리학적 도를 실현하는 발판을 마련하였다. 따라서 농암의 누정은 16세기 영남사림의 시대미학을 반영하면서 고려시대와 조선 중

「분천헌연도」에 나오는 16세기 농암종택의 모습

기를 이어 주는 과도기적 면모를 가진다고 하겠다.

농암이 머물던 사랑채이자 주거공간인 명농당은 1~2칸의 초가이고, 애일당은 3~4칸의 마루로만 구성된 기와집이다. 강각은 '丁'자형 와가로서 방으로만 구성되어 있으며, 영지정사는 기존 불교의 암자를 개축한 것이다.

2. 명농당

농암이 외직을 자청해 영천군수로 나가 있던 1510년(44세)에 고향 집 남쪽 물가에 지은 조그만 정자가 명농당이다. 본래는 물가의 조그만 빈터에 초가로 이은 정자였는데, 그 앞에는 영금당이라는 연못을 두었다. 농암은 명농당을 지은 해에 영천에 쌍천당을 짓고 다음 해 봄에 군내 70세 이상의 노인들을 초대하여 노인연을 베풀기도 하였다.

명농당은 부내의 빼어난 산수와 아름다운 전원을 즐기기 위한 곳이다. 벽에다 「도연명귀거래도」를 그려 붙여 귀거래의 소망을 처음으로 드러낸 곳이기도 하다. 농암은 5년 뒤 겨울에 휴가를 얻어 명농당에 들러 시를 써 붙이고 다시 한 번 귀거래의 의지를 다졌다. 그때 농암이 써 붙인 시가 『농암집』에 전한다.

용수산 앞 분천 굽이에
초가 한 칸 지음은 뜻한 바 있음이다.
벼슬길 10년에 수염은 서리 덮이고
벽에는 헛되이 귀거래도만 그려 놓았다.

명농당은 부모님이 계시는 종택과 분리되어 농암이 머물고 손님을 접대하는 작은 사랑이었다. 부모로부터 독립된 온전히 자신만의 거처였다. 「귀거래도」를 붙여 둔 방과 청풍명월이 드나드는 마루, 이렇게 2칸으로 구성된 소박하고 작은 건물이다. 이곳은 종택의 사랑채와는 별도로 농암이 머물면서 김안국 등의 손님을 접대하는 장소이기도 했다. 수몰 전에는 작은 연못인 영금당 터와 명농당 현판이 남아 있었다. 현재 복원된 모습은 정면 3칸, 측면 2칸의 기와집으로, 예전 농암이 머물던 정자의 모습과는 조금 달라졌다. 전면에 누마루와 기단차를 두었다는 것은 긍구당과 유사하다.

명농당은 농암이 귀거래에 뜻을 둔 이후 처음으로 지은 건축물이다. 농암은 유배 후 곧 복직하지만 이때부터 외직을 청하고 고향에 정자를 건립하기 시작했는데, 명농당은 농암의 처사지향적 삶을 건축으로 펼쳐 놓은 집이라고 할 수 있다. 방 하나 마루

하나의 두 칸 초가가 그가 원하는 전부였다. 농암의 강호지락이 얼마나 간결하고 무욕했는지 알 만하다. 명농당을 지었지만 농암은 바로 이곳에 내려와 살지는 못했다. 실제 귀거래는 지은 지 30여 년 후인 1542년(76세) 가을에야 비로소 이루어졌다.

3. 애일당

부내는 산수가 맑고 고우며 숲과 골짜기가 깊고 빼어난 곳이었다. 농암은 특히 산의 동쪽 벼랑에 물을 끼고 10여 길이나 기이하게 우뚝 솟은 '귀먹바위'를 사랑했다. 귀먹바위에는 천연의 대가 있었는데, 농암은 그곳에 애일당을 지어 어버이를 모시고 놀며 구경하는 곳으로 삼고자 했다.

애일당이 처음 지어진 것은 1512년, 농암이 46세 되던 해다. 그는 어버이를 위하여 낙동강 연안 분강 기슭의 농암(귀먹바위) 주변에 있는 커다란 자연석 위에 작은 집을 지었다. 그 후 수해로 정자가 무너지자 당시 위치에서 5m 정도 위쪽으로 옮겨가게 되었다. 그때 물에 떠내려가던 애일당의 편액을 되찾은 이야기가

농암가에서 전설처럼 전해지고 있다. 다시 수백 년이 지난 1975
년, 안동댐 건설로 인해 애일당은 서쪽으로 1km쯤 떨어진 영지산
남쪽 기슭으로 옮겨졌고, 가송리로 종택이 옮겨지면서 다시 이건
하게 되었다.

「분천헌연도」(1526)에 의하면 처음 지을 때 애일당은 팔작지
붕에 난간을 두른 3~4칸의 마루로 구성된 건물이었다. 누마루를
받치는 기둥인 누하주는 굵고 길었다고 하고, 방이 없는 일반적
인 정자의 형태를 띠고 있었다. 농암이 82세(1548)되던 해에 수해
로 인해 위쪽으로 이건하게 됐는데, 이때도 여전히 마루로만 구
성된 건물이었던 것 같다. 150년 뒤에 그려진 「분강촌도」(1710)에
도 그런 모습으로 등장한다.

현재의 애일당은 정확히 언제 세워졌는지는 알 수 없으나 정
면 4칸, 측면 1.5칸 규모로 방 1, 마루 2, 방 1의 구조로 되어 있다.
정자이기도 하고 동시에 주거공간이기도 하다. 전퇴를 두고 계
자난간을 설치하였으며, 전열칸은 2중보를 걸었는데 종량은 홍
예보를 쓰고 그 위에 포대공을 세운 구조이다.

애일당의 원래 모습은 시문에서도 추측할 수 있다. 농암 당
시 애일당에 관한 시문을 살펴보면 농암은 "슬하 자손들이 마루
에 가득하네"와 같은 표현을 쓰고 있고, 퇴계는 애일당을 방문하
여 쓴 시에서 "절벽 가에 집을 지었는데 돌 비탈 비스듬하고, 난
간에 기댄 모습 신선의 집인 듯", "숲 속의 작은 누각 밤새 꿈과

통하는데"라고 묘사하고 있다. 아마도 농암 당시의 애일당은 넓은 마루와 난간을 가진 누각의 형태였던 것으로 보인다. 이렇게 애일당은 시간의 흐름에 따라 마루의 일부에 방이 들어서고 누하주의 높이가 점차 낮아지면서 누각의 모습에서 주거성이 높아진 모습으로 변모해 간 것 같다. 그런 가운데서도 조망을 위한 전퇴부분과 난간의 설치는 지속되어서, 결국 정자와 주거공간의 기능을 동시에 지닌 영남지역의 독특한 양식으로 거듭나게 된 것이다.

애일당 편액은 중국 제2의 명필이 지었다는 전설이 전해 오고 있다. 또 어느 해 홍수가 나서 정자를 쓸어 갈 때 현판도 떠내려 갔는데, 어떤 어부가 고기를 잡으러 강에 나갔다가 금빛 찬란한 것이 떠내려 오기에 건져 보니 애일당 현판이었다고 한다.

애일당은 본래 부모님을 봉양하기 위한 곳이었다. 종택이 너무 협소해 농암은 좋은 날과 명절에 애일당에서 양친을 모시고 동생들과 더불어 색동옷을 입고 술잔을 올렸다. 애일당이라는 이름은 '하루하루를 아낀다'는 말이니, 그것은 부모님이 살아계시는 나날을 아까워한다는 의미다. 부모님이 늙어 감을 아쉬워

애일당의
옛 모습

하는 마음이 이름에서 절로 읽힌다.

애일당은 산수를 유상하며 여러 사람들과 교유하는 장소이
기도 했다. 농암 아래 분천이 흐르고 점석이 있어 뱃놀이시회가
펼쳐졌는데, 이때 애일당은 접빈음시接賓吟詩의 연석이 되었다. 그
래서 당내에는 농암은 물론 김안국, 소세양, 김세필, 이행, 박상,
어득강, 정사룡, 김성일 등의 시판이 걸려 있다. 애일당은 농암의
부모봉양을 위해 지어졌지만, 점차 산수를 유상하는 가단의 활동
무대가 되었던 것이다. 그리하여 애일당은 처사적 풍류의 장으로
서 이후 영남사림의 건축조영에 좋은 본보기가 되었다.

「분천헌연도」 속에 등장하는 농암종가와 애일당

4. 강각

농암은 78세에 애일당 남쪽에 작은 집인 강각을 세운다. 「분천헌연도」에서 보였던 강각은 1710년의 월탄 김창석의 그림에서는 이미 보이지 않고 있다. 그림에 근거하여 강각의 모습을 살펴보면, 정자형의 기와 건물로 정자각과 유사하고 방으로만 구성되어 있으며 봉정사 극락전에서 볼 수 있는 살창을 두었다. 이곳은 농암이 노년에 머물기도 했고 애일당 행사에 참가한 많은 귀빈들이 유숙하기도 했던 곳이다. 또한 「농암가」와 「어부가」가 지어진 의미 깊은 창작의 산실이기도 하다. 요즘 말로 게스트하우스로 쓰인 집이었다.

숱한 사람들이 강각에서 묵고 갔다. 퇴계도 여러 밤을 이곳에

강각에서 차회가 벌어지면 눈앞에 보이는 절경에 사람들은 경탄을 금치 못한다.

서 유숙했다는 기록이 남아 있다. 농암과 퇴계가 함께 강각에 묵으면서 바깥 강 위에 비친 달을 내다보며 운자를 맞춰 서로 시로 화답하는 풍경은 우리 문학사가 지닌 둘도 없는 절경이 아니랴.

　「분천헌연도」에 나타났던 그 운치 있는 강각은 현 종손 이성원의 노력으로 낙동강변 물 흐름이 가장 잘 보이는 위치에 복원되었다. 퇴계가 묵어갔던 곳이라 현판은 특별히 퇴계 종손 이근필 선생의 글씨를 받았다. 여러 번 사양하는 걸 삼고초려해서 받아 걸고 보니 5백 년 전 어른들의 발길이 강각 언저리에 다시 머무는 듯하다. 종손은 이렇게 말한다. "여기가 바로 「어부사」가

쓰인 공간이거든. 농암 선생이 만년에 이곳에 머물면서 늘 그 시를 읊으신 것 같아. 퇴계 선생이 오시던 날도 아마 두 분이 함께 「어부사」를 읊으셨을 걸."

강각에서 내려다보이는 물굽이는 특별히 아름답다. 강변에 키 큰 미루나무가 있어 햇살과 바람에 이파리를 뒤집으며 반짝거리는 양은 이제 그리 흔히 볼 수 있는 풍경이 아니다. 강각의 위치는 진정 탁월하게 선택되었다. 앞으로도 이곳에서 많은 현대 시인들이 시를 남겨야 한다. 강변과 하늘과 배와 술과 노래와 달이 어우러져 시를 낳아야 한다. 그럴 때 농암도 퇴계도 현재적 생명력을 얻을 수 있지 않으랴.

5. 영지정사

농암은 집이 답답하고 좁아 귀거래한 이듬해인 1543년(77세)에 집 북쪽의 영지산 약두봉에 있는 영지사를 접수하였다. 그리고는 여기에 기거하던 승려 조증을 시켜서 개축하고 영지정사라는 편액을 중국의 명필에게 받아 붙이고, 입구에다 사망대, 사마대라는 대를 쌓아 만년에 몸을 의탁하는 장소로 삼고자 하였다.

그런데 이곳은 농암에 앞서 퇴계가 산기슭에 조그마한 집을 지어서 영지와사(1531)라 편액하고 영지산인이라 자호하며 지내던 곳이었다. 농암은 퇴계에게 농담 삼아 "그대가 예전에 이 산록에 집을 지어 산인이라 칭했는데 지금 내가 먼저 들어왔으니, 이야말로 객을 불러다가 주인을 만든 격이 아닌가. 조만간 송사하여 마땅히 구별해야 할 걸세"라고 농을 걸었다. 농암의 여유로움과 해학이 돋보이는 대목이다. 농암이 영지산에 거처할 뜻을 보이자 퇴계는 영지산인이란 자호와 처소를 농암에게 기꺼이 양도한다. 둘은 사양하고 되물리기를 여러 번 하면서 영지산을 기리고 논다. 이후로 농암은 퇴계와 대소사에 상호 왕래하면서 함께 경치를 감상하고 술자리도 벌였으며, 이를 시로 남겼다.

영지정사 조영은 황폐화된 가원을 인수하여 개축한 후 정사로 삼는 15~16세기 무렵의 사회상을 반영하는 것이다. 문학적 여정이 절을 중심으로 이루어졌던 것에는 이유가 있다. 지금도 별반 다르지 않지만, 그 당시도 강호의 절경에는 거의 절이 위치하고 있어서 중들과의 교류가 자연스러운 일이었기 때문이다. 농암도 용수사, 영지사, 병암, 월란사, 임강사 등을 자주 찾았다 한다. 당시의 강호처사들은 암자를 정자라는 유가적 명칭으로 바꾸면서 별장을 새로 짓거나 기존의 절을 개축하여 사유 내지는 공존하는 형태를 취했다. 농암이 영지사를 영지정사로 흡수한 예가 대표적인데, 영지정사는 현재 퇴락하여 기와 파편과 터만 남아 있다.

6. 긍구당

긍구당(1533년 중수)은 손님을 맞이하는 별당이다. 한때 종가 본채의 오른편 날개 쪽에 자리하여 사랑채로 사용되다가, 1960년 대 수리 시에 본채가 '튼ㅁ' 자로 변모하면서 별당이 되었다. 대문 앞에는 구인수九印樹라는 이름의 홰나무가 있었으며, 마당에는 옥인석, 금각석이라는 4각형의 바위가 있었다. 구인수라는 이름의 유래가 재미있다. 농암 당시 아들, 사위 등 9남매가 벼슬을 했는데 수연을 하기 위해 모이면 이 나무에 9개의 인끈이 걸렸다. 그래서 구인수라 불렀다.

긍구당과 종택 건물은 농암이 처음 창건한 것이 아니다. 입향조인 고조부 이헌이 조영한 건물이다. 그러나 긍구당은 농암 당시 '거처가 협소하고 누추하여' 이미 퇴락한 상태였다. 농암은 87세에 아들 이문량과 함께 건물을 중수하여 긍구당이라 이름 붙였다. '긍구'는 『서경』에 나오는 구절로 '조상의 유업을 길이 잇는다'는 뜻이다. 이후 긍구당은 종택의 중심 건물이 되었으니, 모든 문사가 이 집에서 논의되었다. 현판 글씨는 당시 명필인 영천자靈川子 신잠申潛이 썼다.

긍구당은 정면 3칸에 측면 2칸 반으로 된 작은 규모의 'ㄴ자' 건물이다. 꾸밈새가 소박하다. 지붕 옆면이 팔자 모양인 팔작지붕집이다. 특징적으로 전면에 두리기둥을 세우고 평난간을 두른 누마루를 두어 개방하였으며, 기단 부분에 높이차를 두어 전열의 기둥들을 길게 늘어세웠다. 주거공간이지만 전체적으로 누각처럼 느껴진다.

마루에는 농암 88세 생일에 축하시를 쓴 친인척의 시가 농암의 시와 함께 판각되어 있다. 사돈 탁청정 김유, 족질 퇴계 이황, 손서 금계 황준량, 예안현감 이봉수, 그리고 다섯 아들들이 시를 지었다. 농암은 이 마루에서 1551년 7월 29일 85세의 생일을 맞이하여 '금서띠'(金犀帶)를 두른 굽은 허리로 자제들로부터 수연을 받고, 그 회포를 국문시조 「생일가生日歌」 한 수로 표현한 바 있다. 그 시조는 다음과 같다.

공명이 끝이 있을까 수요는 하늘에 달린 것.

룽이 뒷산의 산세를 꼭 닮은 긍구당

농암의 조부 대에 지어졌던 긍구당. 군불 때는 방과 누마루가 함께 있어 일상 공간과 정자 공간이 겹쳐진, 안동지방 특유의 건축 양식이다.

긍구당 현판. 영천자 신잠이 전서체로 썼다.

금서띠 굽은 허리 여든 넘어 봄 맞음 그 몇 해이던가.
해마다 오는 날 이 또한 임금의 은혜일세.

농암은 은퇴 이후 주로 긍구당에서 생활했다. 거처는 비록
협소했으나 좌우로 그림과 서책이 차 있으며 마루 끝에는 화분이
나란히 놓여 있었다. 그리고 담 아래에는 화초와 대나무가 심어
져 있고 마당의 모래는 눈처럼 깨끗하여, 그 쇄락함이 마치 신선
의 집 같았던 모양이다. 긍구당에 들른 주세붕이 그렇게 찬탄한
기록이 전한다. 지금도 긍구당은 당시 못지 않다. 눈앞에 바위벼
랑과 강물과 강변을 나는 흰 새와 들꽃이 잡힐 듯 내다보인다. 신
선의 집 같다. 게다가 누구에게나 개방된 신선의 집이다.

7. 농암각자

농암聾巖은 벙어리바위 또는 귀먹바위를 그대로 한역하여 부른 것이다. 바위는 말이 없는데 거기에 귀까지 먹었으니 더더욱 말이 없다. 농암이란 세속의 시끄러움으로부터 완전히 등을 돌리고 자연 속에 녹아들겠다는 결의다.

'농암각자'는 농암바위 뒤의 커다란 자연 암석에 '농암聾巖 선생先生 정대亭臺 구장舊庄'이라고 두 자씩 따로따로 음각한 것이다. '옛 애일당 터'를 기념하기 위해 새겼는데, 한말의 학자 이강호李康鎬가 해서체로 한 글자의 크기가 무려 75㎠가 되게 돌에 새겼다. 전국 어딜 가도 이만한 크기의 해서체를 만나기란 쉽지 않다. 글씨 크기가 어마어마한 것은 아마도 이강호가 농암의 인물

농암각자. 바위는 모두 네 덩이
다. 자연암석에 농암, 선생, 정대,
구장이라고 두 글자씩 따로따로
조화롭게 음각되어 있다.

됨을 그토록 뚜렷하게 새기고 싶었기 때문일 것이다. 글씨 역시
안동댐으로 수몰될 뻔한 것을 살려냈다. 바위의 밑뿌리는 그냥
두고 글자가 쓰인, 겉에 드러난 부분만을 절단해서 지금 애일당
앞으로 옮겨 놓았다.

8. 분강서원

　　분강서원은 1699년 후손과 사림이 농암의 학덕을 추모하기 위해 세운 건물로, 위패를 모신 숭덕사와 강당인 흥교당, 성정재, 동재 극복재, 서재 경서재, 관리사로 되어 있다. '분강서원' 편액은 성세정이 썼고, 상량문은 조덕린이, 기문은 장신, 김화가 지었다. 서원 창건의 전 과정이 적힌 「창원일기」와 「복원일기」 및 『영정개모일기』, 전장기, 부조기, 임사록, 「분강영당영건소계첩」, 진설도, 홀기 등의 많은 자료가 남아 있어 서원의 건축과 운영 실태를 한눈에 볼 수 있다. 숭덕사(농암사당)는 문화재로 지정되어 있다. 지금 분강서원은 매년 한 번 향사를 치르며, 평소에는 학생이나 학술단체 등에 개방되어 사용할 수 있도록 하고 있다.

그림 속의 분강서원

9. 신도비

    1565년 2월에 세워진 농암 신도비는, 비문은 영의정을 역임한 인재 홍섬이 지었으며, 글씨는 당대 제일의 명필 여성군 송인이 썼다. 안동지방에서는 구하기 어려운 대리석 차돌로 되어 있어, 500여 년이 지난 오늘날까지 아직 한 글자도 마모되지 않았다. 기록은 보이지 않지만 충주석으로 추정된다. 당시 가세를 자랑하던 농암 가문의 힘을 느끼게 하는 작품이다. 비신의 높이는 1.9m이고 폭은 0.9m이다.

제5장 **농암가의 제례**

1. 불천위제

종택의 가장 큰 의무이자 역할은 바로 제례다. 제사를 통해 후손들의 동질감을 확인하고 훌륭한 조상의 정신을 함께 묵상한다. 농암종택에서 지내는 제사는 다음과 같다.

우선 불천위不遷位 제사다. 불천위는 큰 공훈을 세워 영원히 사당에서 모실 것을 나라에서 허락한 신위神位를 말한다. 농암종택의 경우에는 농암과 간재의 신위다. 고위考位와 비위妣位로 나누어 각각 2번을 지낸다.

기제사는 부모, 조부모, 증조부모, 고조부모의 4대 봉사를 하고 있는데, 고조비위가 3위여서 총 10회를 지낸다. 이 밖에 명절 차사는 정월과 추석에 기제사와 같은 형식으로 모시고, 무덤 앞에서 지내는 묘사墓祀도 1년에 한 차례 지낸다. 특히 묘사는 현재 문중에서 날짜를 정하여 지내는데, 양력 11월 첫째 토요일에는 농암의 묘사를 지내고, 다음 날인 일요일에는 입향조인 이헌(농암 고조부)의 묘사를 지낸다. 이후 종손이 따로 조상의 묘를 찾아 제사를 지낸다. 과거에는 17대의 묘소를 모두 찾았으나 현재는 길이 험한 몇 군데를 제외한 40여 기의 묘소를 찾아 제사를 지내고 있다.

기제사는 제관이 많을 경우 초헌 · 아헌 · 종헌의 삼헌三獻을 하지만, 제관이 많지 않을 경우에는 무축단헌無祝單獻(축문을 읽지 않고 술만 한 잔 올림)으로 모신다. 또한 집안에서 지내는 행사이고 제관들이 법식을 잘 알고 있기 때문에 홀기笏記(의식이 진행되는 순서 및 내용을 기록해 놓은 문서)만 두고 창홀唱笏(의식의 시작을 알림)하지는 않는다. 그러나 묘사의 경우에는 제관이 많고 야외에서 진행되기 때문에 집례執禮가 창홀하여 진행 상황을 알리고 질서도 유지한다.

불천위 제사의 경우에는 반드시 삼헌을 하고 창홀도 한다. 현 종손의 선조 대에는 축관을 외부 인사로 초청하여 모셨으며 외빈도 많았으나, 현재는 제사에 참례하는 외부 인사가 많지 않아 집안의 친지들만 참사하고 있다.

어떤 가문이든지 불천위는 가문의 상징이자 자손 대대로 내려오는 영광이다. 그러니 불천위 제사는 모든 제사 중에서 가장 공을 들이는 제사로서, 제사의 대표성을 띤다고 할 수 있다. 농암

忌祀時執事　庚寅六月十三日
初獻官　李性源
亞獻官　李羲喆
終獻官　李裕亨
祝　　　李在敦
贊者　陳設　李裕德
奉香　李在鳥
奉爐　李裕文
奠爵　李裕遠
司尊　李在春
原　　李在雲

농암종택 불천위 제사에는 초헌관, 아헌관, 종헌관의 이름을 미리 써서 걸어 둔다.

종가의 불천위 제사 과정을 자세히 들여다보는 것으로 안동 제례의 대강을 파악할 수 있다 해도 과언이 아니다.

농암의 제일은 음력 6월 13일이다. 제관은 보통 30~40명 정도이며, 고비위의 제일에 모두 합설하여 모신다.

1) 제사 준비

제수는 종손과 종부가 직접 안동장에 나가서 준비한다. 제수는 종택 주변에 인가가 없어 안동장이나 온혜장을 이용하며, 종부를 중심으로 몇몇 친지가 도맡아 장만한다. 다른 문중과 비교해 특별한 제수를 장만하는 것은 아니다. 안동지방에는 대구포를 고대포라고 부르는데, 포는 제사의 필수품이다. 북어포 대신 큼직한 대구포 즉 고대포를 쓰는 것을 흐뭇해한다.

현 종손의 선친이 계실 때에는 축관은 반드시 타 문중에서 초청하였고, 외빈도 많았다고 한다. 그러나 현재는 다른 종가와 마찬가지로 대개 일가친척들만 모여서 제사를 지낸다.

제관이 그리 많지 않으므로 시도기時到記는 작성하지 않는다. 그러나 그날 온 문중의 어른 가운데 연장자나 항렬이 높은 사람을 선임하여 헌관과 집사자를 정한다. 집사를 분정한 뒤에 집사자의 성명을 판에 걸어 각자의 소임이 무엇인지 서로 알게 한다.

2) 출주

일반적으로 제청에 제구를 진설한 뒤 사당으로 신주를 모셔 오는데, 이것을 '출주出主'라고 한다. 농암종택에서는 순서를 조금 달리하여 제청에 병풍만 펴 두고 출주한 뒤 제구를 갖추어 제수를 진설한다.

집사분정이 끝나고 12시가 가까워 오면 제관들은 모두 안채 마당에 도열한다. 그러면 주인은 집사자를 대동하고 사당으로 나아간다. 외문을 지나 내삼문 가운데 동문으로 들어가면 감실이 일렬로 늘어서 있는데, 맨 왼쪽이 원위이다.

우선 감실의 문을 열고 주인이 신위를 향해 부복하면, 집사자가 제일을 맞아 신주를 정침으로 모셔 가겠다는 내용의 출주고사문을 읽는다.

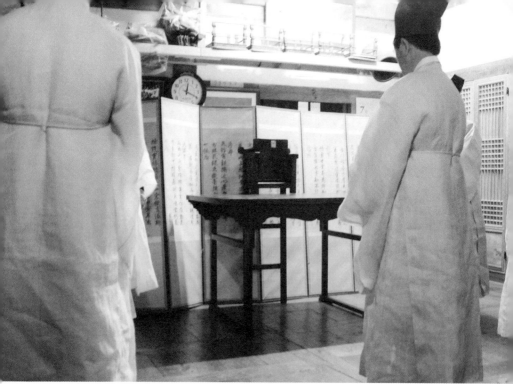

농암종택 불천위 제례. 출주

今以

顯先祖考崇政大夫行知中樞府事 贈諡孝節公府君

顯先祖妣貞夫人安東權氏 遠諱之辰 敢請神主 出就正寢 恭

伸追慕

지금 현선조고 숭정대부 행지중추부사 증시효절공 부군과

현선조비 정부인 안동권씨의 기일에 감히 청컨대 신주를

정침으로 모셔 삼가 추모하는 마음을 펴고자 합니다.

【농암종택 신위배열도】

| 불천위 | 고조 | 증조 | 조 | 부 |

고사를 마치면 집사자가 신주를 안고 다시 동문으로 나와 제청인 정침으로 나아간다.

3) 제청 마련

불천위 제사는 안채 대청에서 모신다. 안채에는 미리 병풍을 쳐 놓는다. 종암종택에서 쓰는 병풍은 농암의 팔순 잔치에 참석했던 퇴계, 금계, 당시 예안현감, 그리고 여섯 자제들과 농암 자신의 글씨를 각각 한 폭씩 담은 10폭병이다. 종가에는 이런 물건이 하나쯤 있어야 한다. 그래야 여느 홑집과는 다른 격조가 생겨난다.

신주가 대청으로 올라오기 전에 집사자들이 병풍 앞에 교의

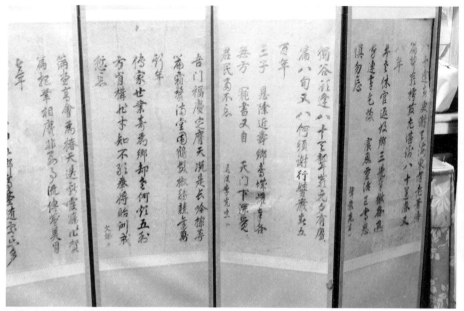
농암종택 불천위 제사엔 농암과 퇴계 등의 글이 있는 열 폭 병풍을 친다.

를 배설하고, 신주를 거기에 안치한다. 이어서 제상을 설치하는
데, 높이 1m 20㎝ 정도의 고족상이다. 촛불을 밝히고 제상 앞에
는 배석을 깔며 중앙에다 향안香案을 놓는다. 향안 위에 향로와
향합을 올려놓고, 향안의 왼쪽에는 축문을 넣은 축함을, 오른쪽
에는 술병과 술주전자를 놓을 주가酒架를 놓는다. 향안의 앞쪽에
모사기茅沙器를 두고 향안 아래에 퇴주기를 놓으면 대체적인 진기
陳器가 마무리된다. 모사기는 모래에 짚 몇 가닥을 약 10㎝ 정도

의 길이로 묶어 꽂아 놓는 그릇을 말한다. 향을 피우는 것은 천신에게 제사를 지낸다고 고하는 뜻이며, 모사에 술을 조금씩 붓는 것은 지신에게 고한다는 의미이다.

관세위盥洗位(제향 때 여러 제관이 손을 씻도록 마련한 곳)는 따로 두지 않으므로 미리 손을 씻고 제사에 임한다.

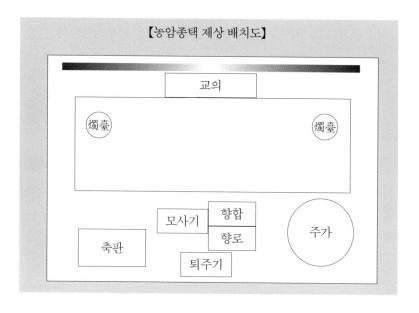

【농암종택 제상 배치도】

4) 1차 진설

제구가 갖추어지면 곧바로 미리 준비해 두었던 제수를 제상에 진설한다. 안동의 일반적인 제사 형식은 과일과 나물 등 찬 음식을 먼저 진설한 뒤 사당으로 나아가 신주를 모시고 제청으로 오는 것이다. 그런데 농암종택은 신주를 먼저 모셔 온 다음 진설하고 있어서 안동의 다른 집안과는 다소 차이가 보인다. 이러한 방법은 고령의 점필재종택과 동일하다. 점필재종택의 경우는 조상이 보는 앞에서 진설하는데, 진설에 경건한 마음을 더하기 위해서라고 한다.

진설의 과정은 통상 주과포 등 찬 음식을 진설하는 1차 진설과, 메, 갱, 탕, 적 등을 올리는 2차 진설로 나뉜다. 통상적으로는 1차 진설을 완료하고 출주한 뒤에 2차 진설이 이루어지는데, 농암종택에서는 출주한 뒤 1차 진설을 하고 참신례參神禮를 행한 뒤 2차 진설이 이루어진다.

고위와 비위를 합설하여 제사 지내지만, 메와 갱만은 따로 배설하고 나머지 제수는 공통으로 놓는다. 상차림은 5열로 한다. 제1열에는 과일을 놓는데, 왼쪽에서부터 조동율서棗東栗西의 순서로 놓고 나머지는 시절에 맞는 과일이나 조과造菓를 놓는다. 제2열에는 포와 숙채, 청장, 침채 등을 놓는데, 그림에서는 번거로움을 피하기 위해 포를 1열에 놓았다. 고비위의 잔반과 시접기를 올리면 1차 진설이 완료된다.

1열과 2열의 진설을 마치면 신주의 도자韜藉를 벗긴다. 신주의 전면에는 신주와 봉사손의 친족관계, 관작명, 시호 등이 한 줄로 기재되어 있고, 옆에는 봉사손이 방제旁題되어 있다. 고위에는

"顯先祖考崇政大夫行知中樞府事 贈諡孝節公府君神主"라고 종
서되어 있고, 비위에는 "顯先祖妣貞夫人安東權氏神主"라고 종
서되어 있다.

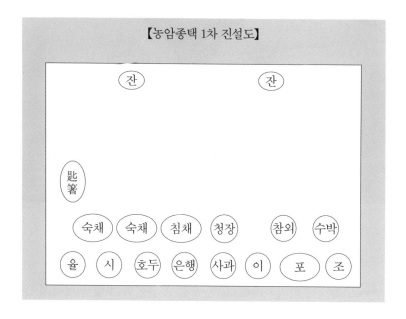

【농암종택 1차 진설도】

5) 참신과 강신

1차 진설이 완료되고 신주의 도자를 벗기고 나면, 참사자 전
원이 신주를 향해 두 번 절함으로써 참신의 예를 행한다. 그리고
메, 갱, 탕, 적 등을 제상에 올린다.

농암종택 불천위 제사 참신재배

　　제3열에는 탕을 놓는데, 어탕, 소탕, 육탕 등 5탕을 쓴다. 이
때 어동육서에 따라 어탕은 동쪽에 놓고 육탕과 소탕은 서쪽에 둔
다. 제2열과 제3열 사이에 도적都炙을 놓는데 도적은 '혈식군자'
의 전통에 따라 익히지 않은 날고기를 쓴다. 『예기禮記』에 "지극히
공경하는 제사는 맛으로 지내는 것이 아니고 기와 냄새를 귀하게
여기는 까닭에 피와 생육을 올린다"라고 했다. 이러한 고래의 습
속에 따라 불천위와 같은 큰 제사에서는 날고기를 올린다.

　　제4열에는 가운데 적을 기준으로 왼편에는 육류를 놓고 오른쪽에는 어물을 놓는다. 제4열의 양쪽 끝에는 면과 편을 놓고, 면의 앞에는 밥식해를 놓는다. 마지막으로 메와 갱을 반서갱동의 위치로 놓는다.

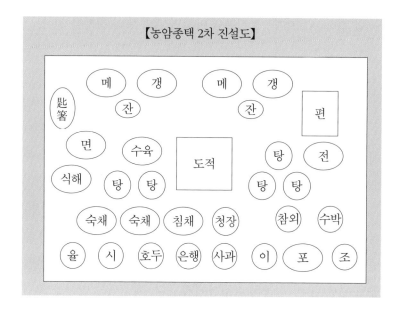

진설이 완료되면 강신례를 행한다. 강신례는 분향, 뇌주, 강신재배로 구성된다. 분향은 향불을 피워 하늘에 있는 조상의 혼을 불러오는 예식이며, 뇌주는 모사기에 술을 부어 땅에 있는 조상의 백을 불러오는 예식이다.

농암종택에서는 주인이 향안으로 나아가 향불을 피워 분향

한다. 종가에 따라서는 분향 후 재배하는 경우도 있으나, 농암종택에서는 바로 뇌주례를 행한다. 즉 분향 이후 바로 좌집사가 제상 위에서 잔반을 내려 우집사에게 주면 우집사가 여기에 술을 따라 주인에게 주고, 주인은 술을 모사기에 붓고 신주를 향하여 두 번 절하는 것이다. 강신례를 마치면 메와 탕의 뚜껑을 연다.

6) 초헌례

강신례를 마치고 주인이 신주에게 술을 올리는 절차가 초헌례이다. 초헌은 주인이 하는데, 헌작獻爵, 제주祭酒, 진적進炙, 독축讀祝, 재배再拜의 순으로 진행된다.

헌작은 잔을 올리는 절차이다. 주인이 향안 앞으로 나아가 꿇어앉으면 좌집사가 고위 앞에 있는 반잔을 내려 우집사에게 건넨다. 우집사가 거기에 술을 따라 주인에게 주면, 주인은 반잔을 향로 위에 한 바퀴 둘러 좌집사에게 준다. 좌집사는 반잔을 고위 앞에 올린다. 비위도 동일한 방법으로 술을 올린다.

제주는 올려놓은 술잔을 다시 내려 술을 덜어 내는 절차이다. 농암종택에서는 초헌에는 제주하지 않는다.

진적은 도적 위에 적을 더하는 절차인데, 농암종택에서는 이미 제상에 적을 올려놓았기 때문에 가적加炙이나 진적의 절차가 없다. 따라서 헌작 이후에 바로 독축이 이어진다.

농암종택 불천위 제사에서 종손 이성원이 초헌을 하고 있다.

잔을 올리고 나서 축관이 주인의 왼쪽에 꿇어앉아서 선조의 기일을 맞이하여 선조와 비위를 함께 모시고 제사를 드린다는 축문을 읽는다. 축문의 형식은 다음과 같다.

維歲次庚寅六月癸亥朔十三日乙亥 孝後孫 性源

敢昭告于

顯先祖考崇政大夫行知中樞府事 贈諡孝節公府君

顯先祖妣貞夫人安東權氏 歲序遷易 先祖考諱日復臨 追遠

感時 不勝永慕 謹以淸酌庶羞 恭伸奠獻 尚

饗

유세차 경인 6월 계해삭 13일 을해에 효후손 성원은 감히
현선조고 숭정대부 행지중추부사 증시효절공 부군과 현선
조비 정부인 안동권씨께 밝게 아룁니다. 해가 바뀌어서 선
조고의 기일이 다시 돌아옴에 시간이 지날수록 느꺼워 길이
사모하는 마음을 이길 수가 없습니다. 삼가 맑은 술과 여러
가지 음식으로 공경히 제사를 올리오니 흠향하시옵소서.

축관이 축문을 읽을 동안 참사자들은 부복하며, 독축이 끝나
면 일어나 신위 앞에 두 번 절한다. 이로써 초헌례가 마무리된다.

농암종택 불천위 제사 아헌 장면

7) 아헌례와 종헌례

아헌례는 신위 앞에 두 번째 술을 올리는 절차이다. 예서에
는, 아헌은 종부가 하는 것으로 규정하고 있다. 농암종택에서 아
헌은 참사자 가운데 연장자나 문중의 어른이 한다.

초헌 때 올린 잔을 퇴작한 다음 아헌의 헌작을 진행한다. 먼
저 좌집사가 신위 앞의 반잔을 내려 우집사에게 주면, 우집사가
이를 받아 퇴주기에 붓는다. 그 잔에 우집사가 술을 따라 아헌관
에게 주면, 헌관은 이 잔을 향로 위에 한 바퀴 돌려서 좌집사에게
준다. 좌집사는 잔반을 고위 앞에 올리고, 이어서 비위 앞의 반잔
을 내려 우집사에게 준다. 이때에도 제주의 절차는 없다. 이렇게
헌관이 반잔을 받아 두 분 신위 앞에 올리고, 헌관이 두 번 절하
는 것으로 아헌례는 마무리된다.

종헌례는 신위께 세 번째 잔을 올리는 절차이다. 종헌관은
친지 가운데 연장자나 항렬이 높은 사람이 맡는다. 술을 올리는
절차는 아헌 때와 똑같다. 다만 다음 유식례의 첨작을 위하여 우
집사가 술을 따를 때 잔의 전부를 채우지 않고 2/3 정도만 채운
다. 헌관이 두 번 절함으로써 종헌례의 절차가 끝난다.

농암종택 불천위 제사 합문례

8) 유식례

유식은 신에게 음식을 드시도록 권하는 절차이다. 첨작과 삽시정저, 재배로 이루어진다. 첨작은 종헌 때 올린 잔에 다시 술을 더하는 것으로 식사를 하면서 반주로 술을 더 드시라는 의미이다.

축관이 제상 앞으로 나아가면 좌집사가 메 뚜껑을 우집사에게 건넨다. 우집사는 여기에 술을 부어서 축관에게 준다. 축관이 이를 받아 좌집사에게 건네면, 좌집사는 고위의 잔부터 차례로

세 번씩 나누어 부으면서 술잔에 첨작한다.

삽시정저는 식사를 하시도록 숟가락을 메 그릇에 꽂고 젓가락을 바르게 놓는 절차이다. 농암종택에서는 숟가락 안쪽이 동쪽을 향하도록 하여 메에 꽂고, 젓가락은 손잡이가 서쪽에 가도록 하여 찬 위에 올려놓는다. 이어서 축관이 두 번 절하고 물러나면 참사자 전원이 배례한다.

9) 합문례와 계문례

합문은 조상이 안심하고 식사를 할 수 있게 문을 닫고 기다리는 절차이다. 농암종택에서는 안채의 마루에 제청을 마련하였기 때문에 문을 닫지 않고 병풍으로 제상을 가리는 형식을 취한다. 이때 따로 병풍을 장만하여 제상을 모두 가리는 것이 아니라, 제상의 뒤쪽에 펴 놓았던 병풍 좌우를 집사자들이 제상 쪽으로 접어서 제상을 가리는 형식을 취한다. 제상이 가려지면 참자사들은 모두 부복하여 조상이 음식이 다 드실 때까지 기다린다.

계문은 식사가 끝난 후 다시 문을 열고 들어가는 절차이다. 대체로 축관이 숟가락 아홉 번 뜰 정도의 시간이 경과하면 세 번 기침소리를 내어 식사가 끝났음을 알린다. 축관이 기침을 세 번 하면 모두 일어나고, 좌우의 집사자들이 병풍을 원래대로 펼친다.

계문례가 끝나면 진다進茶라고 하여 식사 후에 차를 올리는 절차가 이어진다. 우리나라에서는 통상 숭늉을 올리거나 맑은 물에 밥을 말아 숭늉을 대신한다. 농암종택에서는 국그릇을 내리고 이어서 청수를 올린다. 여기에 밥을 조금씩 세 숟가락 떠서 만다. 숟가락은 자루가 서쪽으로 가도록 하여 숭늉 그릇에 걸쳐 놓는다. 그러고는 참사자 전원이 잠시 국궁하여 대기한다. 이것은 신에게 숭늉 드실 시간을 드리는 것이다. 이때에는 숟가락을 세 번 정도 뜰 시간이 지나면 축관이 한 번 기침하여 신호를 보낸다. 축관이 기침을 하면 참사자들은 국궁을 마치고 몸을 바로 한다.

이제 식사가 다 끝났으므로 술잔을 모두 내려 술을 퇴주기에 비우고, 수저는 내려 시접에 담고, 그릇 뚜껑은 모두 닫는다. 농암종택에서는 수저를 내리고, 그릇 뚜껑을 닫고, 술은 사신재배가 끝난 뒤 비운다.

10) 사신례

제사를 마치고 조상을 떠나보내는 예식이 사신례이다. 사신재배, 분축, 사신 등으로 이루어진다. 사신재배는 참사자 전원이 자신의 위치에서 신위를 향하여 두 번 절함으로써 신을 보내는 인사를 한다.

이어서 제상의 술잔을 비우고 제수를 모두 물리는 철상撤床이 진행된다. 철상하는 동안 축관은 축문을 태운다. 제수를 모두

농암종택 불천위 제례, 사신

물리고 나면 주인이 신주에 도자를 씌워 주독에 봉안한다. 주인은 축관과 함께 신주를 다시 사당에 모시는데, 이때 축관이 두 손으로 주독을 가슴에 바치고 사당으로 올라간다. 주인이 사당 동문으로 들어가서 신주를 감실에 모시고 다시 동문으로 나와 제청으로 돌아와서 음복함으로써 제사는 마무리된다.

이런 절차를 거치는 제사는 언뜻 번거로워 보일 수 있다. 그러나 제사는 죽은 조상에게 음식을 흠향케 하려는 목적이라기보다 살아 있는 후손들이 결속하고 화합하며 조상 앞에서 자신의 삶을 돌아보게 만드는 의식이다. 참사자들 모두가 오늘 제사상을 받으시는 어른의 후손이라는 연대감을 느끼며 함께 음식과 술을 나눈다는 것은 여러 순기능을 가지는 것이 확실하다. 유교적 가치관이 사라지면서 사람 사이의 관계들이 더욱 각박해지고 이기적으로 되어 버린 것이 아닌지 의심한다. 그걸 반드시 제사를 통해 회복하자고 주장하는 것은 시대착오적일지 모르지만 제사라는 의식이 단순히 허례가 아닌, 현실적이고 실용적인 기능을 하는 것만은 분명해 보인다.

안동 영천이씨 농암 후손 2만여 명이 전국에 흩어져 살고 있지만 파렴치한 범죄를 저지르는 이는 한 명도 없었다고 종손 이성원은 자랑스럽게 말한다. "공경하면서 제사를 지내는 과정에서 자랑스러운 조상을 욕되게 할 수 없다는 가치관이 절로 생겨나는 거지." 일 년에 한 번 옷깃을 가다듬고 조상의 위패 앞에서 자기 삶을 점검하는 사람들은 결코 자기 삶을 함부로 살 수 없다. 그게 우리가 종가를 조명하면서 음미해 볼 만한 가치라고 생각한다.

2. 관례

'관례'는 유교적 인생관이 내포된 전통의 성인식이다. 현대 사회에서 이런 전통적인 성인식은 이미 흔적을 찾기 어려울 정도로 사라진 상태다. '안동청년유도회'에서 매년 재현하고 있기는 하지만, 유교문화가 비교적 온존한 안동에서도 실질적인 전통관례는 거의 사라졌다고 봐야 한다. 그러나 최근에도 그 명맥을 잇고 있는 집안이 아주 없지는 않으니, 농암종택이 바로 그 대표적인 경우라 할 수 있다.

안동지역에는 관례에 사용하는 행사진행문서인 「관례홀기冠禮笏記」가 있다. 현재 농암종택에 보관되어 있는 이 홀기는 일제침략에 항거하며 단식순국하신 향산響山 이만도李晩燾 선생의 친필이다.

　　이 홀기가 농암종택에 보존되어 있는 연유가 흥미롭다. 1880년 향산 선생께서 그 아들 기암 이중업李中業의 관례 때에 농암 종손 이희조李羲肇(농암 13대 종손)를 주빈主賓으로 모셨기 때문이라는 것이다. 당시에는 빈에게 전일 홀기를 적어 보내는 것도 하나의 예법이었던 모양이다. 홀기 끝에 향산 선생이 그 연유를 쓴 기별寄別이 있어 더욱 이채롭다. 기별의 글 전문을 소개하면 다음과 같다.

　　眞城 李晩燾 再拜 奉啓李生員執事
　　晩燾有子中業 年及成人 將以今月初九日 加冠於其首 求所
　　以教之者 僉曰 以德以齒咸莫吾子 宜至日不棄寵臨 以惠教
　　之則 晩燾之父子 感荷無極矣 未及躬詣門下 尙祈照亮 不宣
　　庚辰 二月初七日 眞城 李晩燾 再拜
　　진성 이만도 드림
　　만도의 자식 중업이 이제 성인이 되어 장차 이달 9일 그 머리에 관을 올리고자 합니다. 그래서 그 일을 가르쳐 주실 분을 구하니, 모두 말하기를 "덕으로나 나이로나 모두 귀하밖에 없다" 합니다. 그러니 다가오는 날 외면하지 마시고 오셔서 가르쳐 주시면 만도의 부자에게는 그런 고마움이 없겠습니다. 그리해 주시기 바라며 이만 줄입니다.

농암종택에 있는 이 홀기는 현재 안동 관례의 '설명서'이다. 사실상 관례의 명맥이 거의 끊어질 즈음인 1981년, 농암의 17대 손인 종손 이성원은 바로 이 「관례홀기」에 나온 대로 전통적인 관례를 치렀다. 비슷한 시기에 내앞(川前) 의성김씨 큰 종가의 종손이며 이성원의 친구인 김창균金昌鈞도 관례를 했다. 그리고 이십 수년의 세월이 흘러, 몇 해 전인 2007년엔 의성김씨 내앞 큰 종가 차종손 김관석이, 2009년에는 영천이씨 농암종가 차종손 이병각이 각각 자기 집에서 관례를 했다. 류영하柳寧夏 서애 종손, 이방수李芳洙 대산 종손, 류창해柳昌海 서애 차종손 등 안동지역의 종손들 여럿이 하객으로 참석했다. 두 종가에는 갓 쓰고 도포 입은 어른들이 마당에 빽빽하게 서서 젊은 차종손의 성인됨을 축하하며 어린 몸에 도포를 입히고 관을 씌우는 의식을 거행했다. 친구인 두 종손들의 의기투합으로 안동 관례의 전통이 다시 살아나고 있는 셈이다.

관례의식에는 두 가지 의미 있는 절차가 있다. 하나는 '갓(冠)을 쓰는 일'이고, 다른 하나는 '자字를 받는 일'이다. 현 농암 종손 이성원은 관례를 치르면서 계도繼道라는 자를 받았다. '이을 게'(繼) 자에 '길 도'(道) 자이니, 사문의 도를 이으라는 집안 어른들의 염원이 담긴 자였다.

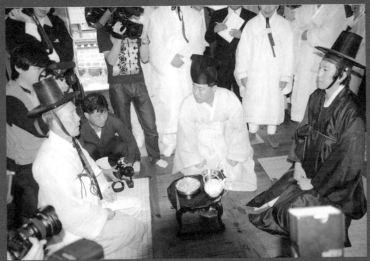

2009년 5월 농암의 18대손 이병각이 관례를 하고 있다.

병각의 관례 홀기를 들여다보고 있는 안동 유림의 큰 어른들

'자'라는 것은 과연 어떤 의미를 지닐까? 옛글을 보면, 사람을 소개할 때에는 하나의 양식이 있다. 성명, 본관, 자, 호로 이어지는 순서를 지키는 것이다. 예를 들면 '서경덕은 어디 사람인데 자는 무엇이고 호는 무엇이다' 하는 식이다. 그중에서도 특히 자는 필수적이다. 호는 없어도 자는 있다. 자는 호가 지어지기까지의 이름이다. 그러니까, 태어나 이름(名)이 있기까지 아명兒名이 있고, 그 이름은 자가 지어지면 종식된다. 그 다음, 호가 지어지면 자는 그 기능이 감소하게 된다. 호가 있기까지 자를 호칭했다고 보면 된다.

자, 호의 계속되는 작성은 이름을 함부로 부를 수 없기 때문이었다. 이름을 존귀하게 생각하는 것, 즉 '경명敬名'의 전통적 가치관으로 인해 성인이 되면 이름을 함부로 부를 수 없게 된다. 그때 등장하는 것이 자다. 동양 고전인 『예기』를 보면, "남자 20에 관례를 행하고 자를 짓는다"(男子二十 冠而字) 하면서 "자를 짓는 것은 그 이름을 공경해서이다"라고 해설하였다. 그러니 관례를 하면서 자를 받는 것은, 비로소 아명을 벗고 오롯한 선비 구실을 할 한 명의 성인으로 거듭난다는 것을 의미한다.

향산 이만도 선생의 친필 홀기에 따른 관례는 크게 영빈, 초가, 재가, 삼가, 내초, 빈자관자의 과정으로 진행되는데, 빈자관자가 바로 자를 받는 일에 해당한다. 그 자세한 내용은 다음과 같다.

1) 홀기笏記

(1) 영빈

主人以下序立 迎賓. 主人阼階下西向立. 儐者立于門外西
向. 將冠者在房中南向立. 賓與贊至門外東向立.

먼저 주인 이하로 늘어서서 빈을 맞이한다. 이때 주인은 동
쪽 계단 밑에 서향해서 서고 자제와 친척은 그 뒤에 서며,
인도하는 사람은 대문 밖에 서향해서 선다. 장차 갓 쓸 사람
은 방 가운데서 남쪽을 향해 서고 빈과 찬자(도움 주는 사람)
는 대문 밖에 와서 동향해서 서되, 찬자는 빈의 오른쪽 조금
뒤로 물러나서 선다.

儐者入主人前揖唱賓至. 主人出門左西向再拜. 賓答拜. 主人
揖贊者. 贊者報揖. 主人揖而行. 賓贊從之分庭而行揖讓至
階.

인도하는 자가 주인 앞에 들어가서 읍을 하고 "빈이 오셨습
니다"라고 고하면 주인이 문 밖에 나가 왼쪽에서 서향하여
재배하고, 빈이 답배를 한다. 주인이 찬자에게 읍을 하면 찬
자는 읍으로 답한다. 주인이 읍을 하며 빈에게 들어가기를
권하고 먼저 들어가면, 빈과 찬자는 주인을 따라 가다 뜰에

서 동서로 나누어 가는데 읍하고 사양하며 계단까지 간다.

主人至阼階下西向立. 賓至西階下東向立. 賓主揖讓. 主人由
階先升西向. 賓由西階升東向. 贊者盥洗升立房中西向.
주인은 동쪽 계단 아래서 서향으로 서고 빈은 서쪽 계단 아
래서 동향으로 선다. 빈과 주인은 서로 읍하며 사양하며 먼
저 오르기를 권한다. 주인이 동계로 먼저 올라 서쪽을 향해
자리에 앉으면 빈은 서계로 올라 동쪽을 향해 앉는다. 찬자
는 손을 씻고 서계로 올라가 방 안에서 서향하고 선다.

儐者入房中引將冠者出. 立於席右端南向. 贊者取櫛紛簞跪
奠于席左. 興立於將冠者之左.
인도하는 자가 방 안에 들어가 관을 쓸 사람을 인도해서 관
례할 자리의 북단에서 남면하고 선다. 찬자가 빗과 망건을
소반에 받쳐 들고 자리 왼쪽에 꿇어앉아 놓고 일어나서 관
을 쓸 사람 왼편에 선다.

(2) 초가初加

賓揖將冠者卽席西向跪. 贊者卽席跪 爲之櫛合紛 施網巾. 賓
降盥 主人隋降立阼階下. 賓盥畢 主人揖升 賓亦升. 執事以

冠巾盤進. 賓西階降一等受之. 詣將冠者前 讀祝辭.

빈이 관자에게 읍을 하면 관자는 읍으로 답하고 자리에 나
아가 서향하여 꿇어앉는다. 찬자는 관자의 뒤에 꿇어앉아
빗질을 하고 머리에 상투를 만들고 망건을 씌운다. 빈이 손
을 씻으러 내려가면 주인도 따라 내려가서 동쪽 계단 밑에
선다. 빈이 손 씻기를 마치면 주인이 읍을 하면서 올라가기
를 청하며 올라가고, 빈도 같이 올라간다. 집사자가 관건을
반에 받들고 오면 빈이 서계로 한 계단 내려가서 관건을 받
고 관자 앞에 나아가 축사를 읽는다.

跪加冠 贊者代簪之. 賓興復位揖冠者適房. 服深衣 加大帶
納屨. 冠者出房南面席右.

꿇어앉아 갓을 씌우면 찬자가 거든다. 빈이 일어나 자리로
돌아와 관자에게 읍하면 관자는 방에 가서 심의를 입고 띠를
매고 신을 신고 방을 나와 남향하여 자리의 오른쪽에 선다.

(3) 재가再加

賓揖冠者卽席跪. 賓降盥. 主人隨降立 階下. 賓盥畢 主人
揖升 賓亦升. 執事以笠子盤進. 賓西階降二等受之. 詣冠者
前 讀祝辭.

빈이 관자에게 읍을 하면 관자는 자리에 나아가 끓어앉는
다. 빈이 손을 씻으러 내려가면 주인도 따라 내려가서 동계
아래에 선다. 빈이 손 씻기를 마치면 주인은 읍하면서 올라
가기를 청하며 올라가고, 빈도 또한 올라간다. 집사가 갓을
반에 받쳐 들고 오면 빈이 두 계단 내려가서 갓을 받아들고
관자 앞에 나아가 축사를 읽는다.

贊者撤冠. 賓跪加帽笠. 興復位揖冠者適房. 釋深衣. 服靑道
袍 條帶 唐鞋. 冠者出房南面立于席右.
찬자가 관을 벗기면 빈이 끓어앉아 탕건과 갓을 씌운 후 일
어나 자리로 돌아와서 관자에게 읍을 하고, 관자는 방으로
들어가 심의를 벗고 청도포를 입고 실띠를 매고 당혜를 신
고 방을 나와서 자리 오른쪽에 남면해서 선다.

(4) 삼가三加

賓揖冠者卽席跪. 賓降盥. 主人隨降立于阼階下. 賓盥畢 主
人揖升 賓亦升. 執事以幞頭盤進. 賓降沒階受之. 詣冠者前
讀祝辭.
빈이 관자에게 읍하면 관자가 자리에 나아가서 끓어앉는
다. 빈이 손을 씻으러 내려가면 주인도 따라 내려가 동쪽 계

단 아래에 선다. 빈이 손 씻기를 마치면 주인이 읍을 하며 올라가고 빈도 또한 올라간다. 집사가 복두를 반에 받쳐 들고 오면 빈이 계단을 내려가서 받아 관자의 앞에 나아가 축사를 읽는다.

贊者撤笠子. 賓跪加幞頭. 興復位揖冠者適房. 釋靑道袍.
服襴衫鈴帶靴. 執事收去梳子入于房. 冠者出房南面立.
찬자가 갓을 벗기면 빈이 꿇어앉아 복두를 씌운 후 일어나 자리로 돌아와 읍하고, 관자는 읍을 하고 방으로 들어가서 청도포를 벗고 난삼을 입고 방울 달린 띠를 매고 가죽신을 신는다. 집사는 벗어 놓은 것을 거두어 방으로 가져간다. 관자가 방을 나와서 남면해서 선다.

(5) 내초乃醮

儐者改席于堂中少西南向. 贊者入房中酌酒. 出立于冠者之
左. 贊者奉酌授賓. 讀祝辭.
인도자는 집의 중간에서 조금 서쪽에 남향하여 자리를 고쳐 만든다. 찬자가 방에 들어가서 잔에 술을 따라 가지고 나와 관자 좌측에 선다. 빈이 관자에게 읍하면 관자는 자리에 앉고, 빈은 술을 들고 마주 앉는다. 축사를 읽는다.

冠者再拜受盞. 賓復位東向答拜. 冠者進席前跪 祭酒. 興就
席西端跪 啐酒. 興降席授贊者盞. 南向再拜. 賓東向答拜. 冠
者拜贊者. 贊者賓左東向少退答拜.

관자가 재배하고 술잔을 받으면 빈은 자리로 돌아와서 동
향하여 답배를 한다. 관자가 앞으로 나아가 꿇어앉아서 술
을 약간 따른 후 일어나 자리의 서쪽 끝에 꿇어앉아서 술잔
을 들어 맛을 보고, 일어나서 내려와 찬자에게 잔을 준다.
남향하여 두 번 절하면 빈은 동향해서 답배를 한다. 관자가
찬자에게도 절을 한다. 찬자는 빈의 왼쪽에서 동향하여 조
금 물러나서 답배한다.

(6) 빈자관자賓字冠者: 빈이 관자의 자를 지어 주는 단계

賓降階東向. 主人降階西向. 冠者降自西階少東南面. 賓字之
云云 讀祝辭. 冠者對曰云云 鞠躬再拜. 賓不答拜. 禮畢.

빈은 계단을 내려와 동향하여 서고, 주인은 내려와서 서향
해서 서고, 관자는 서계로 내려와 조금 동쪽에서 남쪽을 보
고 선다. 빈이 그의 자를 '아모 아모'라고 읽어 주고 축사를
읽는다. 관자가 대답하기를 "그렇게 하겠습니다" 하고 국
궁을 했다가 재배를 한다. 빈은 답배를 하지 않는다. 예를
마친다.

3. 용헌 선생 묘소 비석수갈 고유제

　2010년 초겨울에 종손 이성원의 선친인 용헌庸軒 이용구 선생의 비석수갈 고유제가 있었다. 용헌 선생에게 글을 배운 학인 수십여 명이 선생의 산소 앞에 부복하고 절했다. 선비들은 각자 네모난 007가방 같은 것을 하나씩 들고 산소 인근으로 모여들었는데, 그 가방 안에 도포와 유건이 들어 있었다. 비단으로 꼰 도포 끈도 들어 있었다. 이런 장관은 근대에 들어오면서 거의 사라지고 안동 인근에만 남아 있다. 도포를 미처 준비하지 않아 그냥 양복 차림으로 산소 앞에 엎드린 제관들도 몇 있었다. 옷자락이 너울대는 흰 도포를 입은 이들은 학처럼 고상해 보이는데, 검은 양복 차림들은 죄송한 말이지만 까마귀같이 왜소해 보였다.

비석을 세운 후 고유제를 지내는 모습

　제상에 차려진 제물 또한 몹시 정성스러웠다. 잣과 땅콩과
호두와 밤은 어젯밤을 꼬박 새워 일일이 한지에 꿀을 붙여 한 켜
씩 괴어 올린 것이었다. 제물이 정성스러워야 뜻이 하늘에 닿는
다는 것을 제수를 차려 올리는 이들은 의심 없이 믿고 있다. 그랬
기에 저토록 지극정성을 바칠 수가 있는 것이다.

　고유제는 생전에 용헌 선생에게 글을 배웠던 제자들이 뜻을
모아 빗돌을 세우는 의식이다. 제자들이 학계를 만들어 스승의
비석을 세우고 고유제를 치르는 것은 요즘 흔히 볼 수 있는 풍경
이 아니다. 종손 이성원은 애정이 가득 담긴 선고 용헌 선생 약전

略傳을 써서 모인 사람들에게 배포했다.

용헌 선생은 묘비명을 자명自銘했다. 나도 그날 종손이 이끄는 대로 비석에 쓰인 그 글을 읽은 적이 있다. 자명은 "이제 거의 허물을 줄일 수 있으니(庶幾寡過) 다시 또 무엇을 구하리요(抑又何求)"로 끝이 나는 사언절구였다. 퇴계의 자명 "조화 타고 돌아가니(乘化歸盡) 무얼 다시 구하랴(復何求兮)"가 겹쳐지는 구절이었다. 그야말로 '장엄' 했다. 용헌 선생은 91세까지 살았다. '다 이루었으니, 더 이상 아무것도 원하지 않노라' 는 절대만족의 지경이 산허리를 고요히 감돌고, 그 앞에 향불을 피우고 도포를 갖춰 입은 제자와 후손들이 멧새 소리를 들으며 오랫동안 엎드려 자신을 돌아보는 제사였다.

조부가 남긴 묵매화도 앞에 앉아계신 생전의 용헌 선생

선친의 생애는 졸하는 그날까지 사문의 진작과 고가의 보수, 교육과 독서와 저술이 일상의 전부였다. 그리하여 경敬을 생활철학으로 삼은 곧고 기품 있는 단아한 학자의 빼어난 생애를 보냈다. 선친의 만년은 경북 유림은 물론 전국 유림에 정신적 좌장으로 존재했다. 따라서 장례 때 처사處士라고 존칭한 유림의 공론은 선친으로서는 당연한 것이었으며, 병상에서 몇 번이고 "여한이 없다"라고 하신 말씀 그대로 한 유학자의 후회 없는 생애를 그대로 나타낸 것이었다.

돌아가신 아버지의 무덤 앞에 이런 글을 바칠 수 있는 아들이 된다는 것은 얼마나 행복한 일인가.

참고로 종손이 선고의 생애를 간단하게 쓴 「용헌처사 약전」을 첨부해 둔다. 안동 영천이씨 농암종가의 최근세사를 짚어 볼 수 있는 글이다.

【「선고용헌처사 약전」】

선친의 휘는 용구龍九이고 호는 용헌庸軒이며 자는 시백施伯이니, 1908년 12월 29일(陰), 안동시 도산면 운곡동에서 태어났다. 운곡동은 조상들의 선영이 밀집한 곳으로, 일제침략 초기 조부께서 잠시 시대의 소요騷擾를 피해 우거寓居했는데 그때 선친이 태어나신 것이다. 그리고는 곧 분천汾川으로 되돌아오셨다. '분천'(지금 도산서원에서 1km 하류지역 일대)은 일명 '부내'라고 불리며 안동에서 '하회마을'과 비견되는 매우 아름답고 유서 깊은 곳으로, 고려 말 군기시소윤을 역임한 선조(諱: 軒)께서 입향복거立鄕卜居하고, 농암(諱: 賢輔, 1467~1555) 선조가 탄생하며, 이후 600여 년을 세거世居한 안동 영천이씨의 '고리故里'이다. 선친은 그러니까 입향 선조로부터 20대이고, 농암 선조로부터는 16대 종손이다.

선친이 당신의 생애를 간략하게 기록한 「자명自銘」의 한 부문은 그 무렵의 정황을 여실히 보여 주고 있다.

고종 무신년(1908) 도곡에서 태어났는데, 이때 선친이 시대의 소요로 인해 이곳으로 선조 사당을 옮겨 8년을 살다가 다시 분천 옛집으로 돌아왔다. 이때 비로소 『맹자』 등의 여러 경전들을 읽을 수 있었다. 1920년 겨울 아버지가 돌아가시고 1923년에는 생가 할아버지마저 돌아가셨지만 어디에 하소할 겨를도 없었다. 그리하여 배움을 잃고 방황하다가 드디어 왜인들의 지배를 받게 되었다.

高宗戊申 生于道谷寓舍 先是家君曾以時騷 奉廟移棲于此 居八年而還汾上舊第 試讀七篇傳 庚申冬 遭外憂 癸亥生王考府君下世 不弔昊天 失學迷方 受制倭人.

선친의 학문에 대한 성실함과 천재적 재능은 20대 약관에 저술로 나타났고, 30대에는 이미 완연한 선비로서 당대의 학자들과 교유하기 시작했다. 이런 사실이 알려지면서, 40대에는 경북대, 부산대 등으로부터 여러 번 교수요원으로 초빙되기도 했다. 부산대 이상헌李商憲 교수는 더욱 선친을 모시고자 했다. 그러나 식민지시대의 특수성과 불천위不遷位 종손은 '사랑舍廊을 지켜야 한다'는 당시의 가치관은 선친을 사당祠堂으로부터 떠날 수 없게 하였다. 이 무렵 대현大賢의 종손들은 대부분 집을 지켰는데, 아마도 일제의 민족정기말살정책과 거기에 따르는 고유문화의 심각한 손상이 이들을 직장으로 나설 수 없게 한 가장 큰 이유였던 것 같다. 집을 지키는 그 자체가 곧 문화적 정체성을 유지하는 마지막 수단이라고 인식했던 것은 아니었을까?

　나는 철없는 젊은 날, "종손이라는 업이 아버지의 인생을 망친 것"이며, "종가도 개혁을 해야 한다"고 거칠게 대든 적이 있었다. 그러나 그때 선친은 매우 담담한 표정으로, "지금이 그때라고 해도 어쩔 수 없었을 것"이라고 했다. 선친은 당신의 사회적 명성보다는 '종손'으로서의 책무에 절대적 비중을 두었던 것이다.

　선친은 '경敬'을 생활철학으로 삼은, 곧고 기품 있는 단아한 한 학자의 빼어난 생애를 보냈다. 선친의 만년은 경북 유림은 물론, 전국 유림에게까지도 정신적 좌장으로 존재했다. 상례가 끝나고 첫 삭망에 참여하신 대구의 유민裕民 족친께서는 서까래 아래 붙은 '파록爬錄'(장례위원명단)을 다시 보고 "이 파록은 향鄕 파록이 아니라 진정한 국國 파록이다"라고 하셨는데, 그 말씀은 한마디도 가감이 없는 것이었다.

사실 선친은 안동 선비의 전통과 명예를 한 몸에 감당하고 계셨으며, 경북 유림의 존장으로 존경을 한 몸에 받고 계셨다. 지난해 이용태 삼보컴퓨터 사장이 주관한 재령이씨 영해 도회道會를 비롯하여 수많은 유림행사를 감당했으며, 몰하기 10여 일 전 김주현 교육감이 주관한 안동김씨 묵계서원 복향 고유에 선친을 초빙한 도집례 망기는, 교육감이 그 모시지 못함을 필자에게 눈물로 한하셨는데, 그런 유감의 표현은 선친이 사문斯文에서 갖는 비중을 그대로 증언하는 것이기도 하다. 지금 집안에는 그 망기들이 대나무 묶음처럼 쌓여 있다.

장례 때 향내 전 가문에서 일제히 조의를 표했음은 물론이고, 계속 답지하는 많은 만사挽辭(죽은 사람을 기리는 추도시)들이 이를 증언하는 것이기도 하다. 선친의 일언일동一言一動은 가식이 없는 안동 처사의 선비정신을 그대로 잇는 것이었다. 따라서 장례 때 '처사'라고 명명한 유림의 공론은 선친으로서는 당연한 것이었으며, 병상에서 몇 번이고 "여한이 없다"라고 하신 말씀 역시 한 유학자의 후회 없는 생애를 그대로 나타낸 것이었다. 따라서 선친의 처사적 생애는 일반의 일상적 삶과는 비교할 수 없다.

선친이 남긴 뚜렷한 자취는 저술과 교육이다. 저술의 업적은 이미 그 제자들이 생전에 선친의 '생전문집발간금지' 엄명을 무릅쓰고 공부를 핑계하여 원고의 영인본 50질을 발간해서 나누어 가진 바 있다. 여기에는 시, 서, 기문, 상량문, 제문, 봉안문, 묘갈문, 행장 등의 많은 글들이 남아 있다. 글의 전반적인 특징은 전통유가에 투철한 '경敬' 사상이 그 기저의 바탕을 이루고 있다는 것이다. 그것은 지와 행이 일치하는 지고지순한 진인眞人의 생애를 추구하는 것으로, 문학적 저술의 퇴고는 이를 연마, 추구하는 과정의 일환이기도 했다. 지금 그 글들은 어느 문집, 어느 빗돌, 어느 정자 등에 남아 오래도록 선친의 이름과 함께할 것이다.

이런 많은 저술 가운데 특히 서동권 전 안기부장이 부탁하여 쓴 달성서씨 조상의 비문과 조동한 선생이 부탁한 한양조씨漢陽趙氏 양경공良敬公(諱: 涓) 신도비문 및 진성이씨 원촌대감(諱: 孝淳)의 신도비문은 선친이 생시에 매우 흡족해 한 명문이었다. 필자가 평소 존경해 마지않았던 향토사학자 서주석徐周錫 선생이 생전에 선친의 글을 보고 "이런 글은 전국에 다시없다. 청명靑溟(任昌淳)도 이렇게는 못 쓴다"라고 몇 번이나 말씀하신 것이 지금도 생생하다.

하루는 퇴근해 보니 『삼국지』 10권이 가지런히 놓여 있는데, 들추어 보니 '이성원李性源 선생께, 이문열李文烈 드림'이라는 사인이 있었다. 놀라 물어 보니 선친께서 "낮에 영양 석보 재령이씨가의 이문열이라는 사람이 다녀갔다"라고 하셨고, 또 "그 사람이 지금 당대에는 최고 저술가라 하더라"라고 하셨다. 알고 보니 이문열 씨는 그 조부의 『문집』을 만들고 서문을 받기 위해 문화재

전문위원 이정섭 선생의 소개로 왔던 것이다. 그리고 인사로 자신의 책을 내놓고 간 것이다.

한 번 만나고 싶었으나 그는 글을 받을 때도 역시 부재중에 다녀가서, 나는 알지만 그는 모르는, 전연 일면식 없는 사람에게 책을 선물한 것이다. 물론 선친에게 드린 것이지만. 당대 국문 작가가 당대 한문 작가를 상면하여 '글'을 부탁하니, 아무래도 자신의 글(작품)을 바로 내놓기가 어딘가 어색했던 모양이었다.

이런 저술활동은 돌아가시는 순간까지 계속된 것이지만, 필자가 지켜본 바로는 지난해 경북의 불천위 명문가 3~40대 종손

「庸軒漫草」, 「輔仁會帖序」

들의 모임인 '보인회輔仁會'의 「회첩서문會帖序文」을 짓는 것으로 사실상 종료되었다고 보인다. 이 글은 짧은 기간에 지었는데, 그때 선친은 나에게 "'인仁' 자가 글제이기 때문에 풀어나가기 쉽지 않다"라고 하셨고, 『논어』 안평중晏平仲의 "선여인교善與人交 구이경지久而敬之"의 고사를 원용한 대문에서는 "이 구절을 인용하여 지은 글은 아마 많지 않은 것 같다"라고 하셨다.

그리고 6월 어느 날, 이 글을 받기 위해 회원들이 한꺼번에 집을 방문해 비디오를 준비하여 글을 읽고 설명하는 장면은 매우 아름다운 정경이기도 했다. 사실 '보인회'라는 명칭 역시 선친이 지으신 것이고, 서문 역시 이들이 품의하여 지어진 것이다. 그때 설명에서 선친은 보인輔仁과 우정友情의 핵심으로 '통재通財'(진정한 우정은 재물을 나누어 씀)를 강조·언급하였는데, 지금 보인회의 모임을 풍성하게 하는 더없는 소중한 지침으로 작용한다.

선친은 글을 짓기 시작하면 며칠간 초고가 나올 때까지 바깥에 기척이 별로 들리지 않을 정도로 몰두하셨는데, 이런 모습은 '글이 곧 사람'이라는 인식 때문이었다. 따라서 선친이 지금 정갈하게 써서 남긴 『용헌만초庸軒漫草』 5권의 내용은 그 어느 것 하나 소홀함이 없는 것이다. 선친이 타계하자 많은 조문객은 한결같이 "이제 글이 끊어졌다" 했는데, 그것은 사실이었다. 선친은 일생동안 한시도 책을 놓지 않은 대독서가였으며, 또한 뛰어난 기억력의 소유자였다. 장승호 같은 제자는 '컴퓨터 같다'고 했는데, 선친은 정말 모르는 것이 없었다. 선친은 아마 필자가 알고 있는 한 지금 전국에 생존한 마지막 고전 이해자의 한 분임에 틀림없었다.

안동 시내로 이주한 70년 후반부터는 선친의 삶에서 저술과 더불어 교육의 장이 펼쳐진 시기로 볼 수 있다. 이 무렵은 선친의 학문이 완숙의 경지로 접어들어 안동대학교의 출강과 문집 표점 작업이 이루어지던 때이며, 전국에서 일반 학자, 교수, 학생들이 끊임없이 몰려와 가르침을 받기를 희망했던 때이기도 하다. 한때는 안동대학교의 김종열, 안병걸, 이병갑, 이효걸, 권기윤, 오석원, 장철수 등 각기 다른 전공의 교수 10여 명이 동시에 수강하기도 했는데, 이들이 모시고 간 광흥사, 봉정사, 부석사 등의 여행과 이후 주승택, 김태안, 오수경 교수 등이 함께한 청량산 등의 산행은 선친의 생애에서 더없이 즐거운 기간이기도 했다.

선친은 배우고자 찾아오는 사람을 한 번도 귀찮아 한 적이 없었으며, 최선을 다해 가르치고 가르쳤다. 그리고 한 번도 수강료를 받지 않았으며, 강의 시간 역시 한정을 갖지 않는 헌신적인 것이었다. 학생들이 건강을 염려하여 장시간의 강의를 만류하자, 선친은 "기력이 있는 동안 여러분에게 이렇게라도 가르치는 것이 나의 임무이다"라고 말씀하시곤 했다. 선친은 당신이 알고 있는 학문의 바다를 고귀하게 생각하셨고, 또 이를 알고자하는 찾아오는 학생들에게 진정으로 전해 주고 싶었던 것이다.

한번은 교육청에서 "영남 거유이신 이용구 옹께…… (법으로 금하오니) '보수 없는' 교수들의 강의는 가능하나 과외수업課外授業은 하지 마시기 바랍니다"라는 공문이 왔는데, 선친이 그때 나에게 "내가 하는 일이 과외수업이라면 나의 정과수업은 무엇이냐" 하시어 모처럼 부자가 함께 웃는 시간을 가졌다. 여기서 다 쓸 수 없지만, 선친은 강직하셨으나 한편으로는 매우 부드럽고 이야기를 잘 하셨으며 유머스러움이 여간 많지 않으셨다. 젊은 날 선친은 외출을 하고 오시면 꼭 다녀온 전 일정을 밥상머리에서 가족들에게 소상하게 말씀하시곤 했다. 어린 우리들은 잘 이해할 수 없었으나, 재미있게 말씀하시는 것만은 분명했다.

선친은 배운 적도 별로 없었으나 바둑에 일가견이 있어, 친구들에게는 좀처럼 지는 일이 없었다. 그러나 집안에서 바둑을 두신 것은 전 생애에 다섯 번도 채 되지 않은 것 같다. 그것은 '잡기雜技'라는 인식 때문이며, 더욱은 자식들이 빠져들까 원려遠慮했던 것이다.

선친의 강함은 부드러움이 있어 조화를 이루는 것 같았다. 이런 선친에게 나는 그야말로 필요할 때마다 찾아가 묻곤 했는데, 그 '필요할 때마다'가 그렇게 많지 않았다. 나는 천성이 게으르고 자질 또한 부족하며 학문은 충실하지 못하다. 그럼에도 불구하고 선친은 나에게 한 번도 "공부해라" 하는 말씀을 하지 않으셨다. 어디까지나 내가 마음을 가다듬고 '구기방심求其放心' 하

용헌 선생이 '분상학계'의 서문을 쓴 권오봉 박사와 담소를 나누는 모습

기를 기다렸을 뿐이다. 이제 선친이 가신 지금 그 앎과 지식을 더 배우고 메모하지 못했음이 가슴에 맺히는데, 이런 심정은 아마 필자의 인생이 마감되는 먼 훗날, 그날까지도 지워지지 않을 슬픈 각인으로 남아 있을 것 같다.

아무튼 이런 교육적 자세와 노력이 계셨기에 짧은 기간에도 불구하고 그 열매가 있어 박사 학위를 받은 학생만 10여 명에 가깝고 석사 학위를 받은 자는 다 기억할 수도 없다. 특히 임종하기 10여 일 전, 병상에 문병 온 권오봉權五鳳, 유창훈柳昌勳, 김원걸金沅杰 선생 등에게 이루어진 1시간여의 강의는 이들에게 잊지 못할

인상을 남기기에 족한 것이었다. 이런 생애가 만년에 선친의 학문을 잇고자 하는 모임인 '분상학계汾上學楔'의 창립을 가져와서, 문향文鄕으로서의 안동학맥을 잇는 하나의 전기를 마련하고 있다. 이분들에게의 병상강의는 마침 5월 20일 강의가 예정되어 선친에게 그 '문목問目'이 전해져 있었기 때문에 이루어졌는데, 선친은 이때 병마의 고통 속에서도 그 문목 첫 번째인 『논어』의 '괴력난신怪力亂神' 조항을 말씀하셨던 것이다.

다가오는 6월 28일, '분상학계'의 98년도 정기총회에 회원들에게 보내진 유창훈 선생의 통지서 일부에는 "함석函席이 역책易簀하셨다"라고 했는데, 이런 표현은 이들이 선친에 향하는 존경의 척도를 그대로 반영하는 것이다. "…… 저희들이 무록無祿하여 의귀존앙依歸尊仰하던 함석이 역책하신지 이미 수순數旬이 지났습니다. 저희 분상동계인汾上同契人이 어찌 통달할 일이 아니겠습니까……."

선친은 집안의 문화유산 보호에 최선을 다했다. 선친은 해방과 6.25를 전후한 계남溪南, 대전大田, 운곡雲谷으로의 피난과 가난, 그리고 계속되는 가화에도 좌절하지 않고 50년대에는 쓰러져 가는 '애일당愛日堂'을 중수하고 농암 선조 묘비와 제사를 개수했으며, 60년대에는 '분강서원'을 복원하고 종택을 중수했다. 70년대에는 안동댐 건설로 이들 유적들을 다시 옮겨야 하는 역사가 있었으며, 그 사이에도 크고 작은 여러 숭조사업들이 있어 그야말로 영일이 없었다. 그리고 지난해는 노구를 무릅쓰고 '자운재사紫雲齋舍'를 다시 보수했으며, 운명하는 그날까지 문병 온 우리들에게 이를 걱정하셨다.

선친은 적지 않은 선조의 유품을 찾아 정리해 놓았으며, 『농암집聾巖集』을 비롯하여 『매암집梅巖集』, 『정자동면례일기亭子洞緬禮日記』, 『화개석운상기華蓋石運上記』 등의 글을 번역했다. 그리고 조부, 증조부 등 불우하게 돌아가신 선조들의 유고를 정리하여 『긍구당세헌肯構堂世獻』이라는 가승家乘을 남기기도 했다.

70년대에 시작된 안동다목적댐 건설은 고향의 소멸과 더불어 멸문적인 상황으로 닥쳐왔다. 책에서나 볼 수 있는 상전벽해가 눈앞에 펼쳐진 것이다. 선친께서 진심갈력해 중건한 유적들을 다시 옮겨야 하는 쓰라린 순간이 다가온 것이다. 지을 때와 마찬가지로 옮기는 일 역시 선친의 몫이었다. 선친은 80 노구의 몸으로 그 역사를 감당하셨다. 충분하지 않은 보상금은 어려움을 더욱 가중시켰다. 600여 년을 살아온 농암종택이 문화재가 아니라는 연유로 그대로 수몰되었으니, 안동댐 당시의 정황은 말할 수도 없는 것이었다. 거대한 물의 호수, 댐이 건설되었다. 수마는 소리 없이 다가왔다. 어린 필자는 당시 슬픈 체념으로 바라볼 수밖에 없었는데, 지금은 가끔 이런 생각이 든다. 안동댐은 적어도 5개 정도의 하회마을을 수장시켰다고.

이런 경황 중에 '도산서원 진입로' 문제가 불거져서 관계당

국과 극심한 대립이 야기되었다. 이 문제는 농암 선생께서 귀거래하여 사랑한 분천의 강산들이 도산서원의 진입을 위해 그 허리가 파괴되는 것을 자손으로서 보고만 있을 수 없었기 때문에 생겨났다. 탄원서를 제출하고 치열하게 반대의견을 개진했다. 그러나 일 년을 끌어온 투쟁은 '국가수용령발동' 위협으로 결국 그들의 소원대로 되어 버렸다. 필자의 기억으로는 당시 선친의 입장을 옹호하고 직접적으로 도와준 사람은 이일선李─善 수자원국장과 내앞의 김시박金時璞 어른뿐이었다. 실로 가혹한 시련의 기간이었다.

지금 이들 유적들이 흩어진 것은 이러한 과정의 결과였다. 혹자는 뒷날 당시의 처사에 대해, 혹은 고향인 도산서원 진입로 부근에 농암선생유적을 집단화하지 않음에 대해 그 선악을 말하기도 하지만, 선친의 인생과 가치관으로 볼 때는 혼신을 다한 것이었고 최선이었다. 경제적으로 궁핍한 가난하고 정직한 학자에게 다가온 파천황의 대사를 오늘날의 시각으로 말하는 것은 온당하지 않다. 역설적이지만, 필자는 선친의 당시 처신이 얼마나 전화위복할 좋은 계기로 남아 있는가를 조만간 여러 뜻있는 인사들에게 소상하게 설명할 기회가 있기를 진정으로 희망한다.

선친은 또한 더할 수 없는 효자였다. 선친의 나이 13세, 28세의 나이로 돌아가신 조부의 삼년상을 마쳤음은 물론이고, 60년대는 전주유씨 조모께서 돌아가셨는데 선친은 60 노구로 정성을 다해 상례를 마쳤으며 3년의 여막생활을 했다. 그리고 초하루와 보름, 삭망을 지내고는 부내에서 30리 길의 모란(안동시 녹전면 사천리) 묘소를 다녀왔다. 당시 이 길은 차도 다니지 않았고 험했으나, 선친은 상복에 상장喪杖을 짚고 한 번도 거르지 않고 걸어서 다녀오곤 했다. 이런 측면은 물론 농암 선조께서 남겨 주신 '애일愛日'의 정신을 그대로 잇는 것이기도 했다.

나는 이때 10대 소년이었는데, 늦은 저녁 돌아와서 땀에 젖은 상복을 벗어 사랑마루에 걸어놓고 맛있게 국수를 드시던 모습이 지금도 눈에 선연하다. 그러나 한 번도 피로한 기색을 보이지 않으셨다. 사실 이 무렵 나는 매달 다가오는 이날들이 기다려지곤 했다. 왜냐하면 이때 나는 선친으로부터 『천자문』, 『소학』 등의 글을 배우고 있었는데, 이런 날들은 선친이 낮에 불러 그 복습을 확인할 수 없기 때문이다. 선친의 심신이 지친 날, 이날이 나에게는 해방의 날이었던 셈이다.

최근 어느 친구와 '전통이 무엇인가'에 대해 진지하게 논의한 적이 있었는데, 나는 그때 우리 집의 전통에는 "효도와 우애와 청렴함이 있노라"라고 했다. 그 예를 나는 지금 하나하나 거론할 수 없지만, 사실 선친은 효성과 더불어 형제분들과 당연한 듯하지만 결코 당연하지 않은 남다른 우애를 전 생애에 걸쳐 나누셨고, 이미 언급했듯이, 그리고 모든 영천이씨들이 그렇듯이, 불의에 타협하지 않은 올곧은 생애를 보내셨다. 그런 모습들이 우리 종반從班들을 친형제처럼 엮어 주는 끈이 되었고, 직장과 가

정에 한 번도 물의를 일으키
지 않은 더없는 소중한 자산
이 되었다. 나는 이런 집안의
분위기를 진정한 전통이라
설명했고, 그 역시 수긍하고
매우 부러워하기까지 했다.
조상들이 물려주시고 선친이
그러하셨듯이, 나 또한 이를
행동으로 물려주어야 할 벅
찬 과제로 남아 있다.

　　선친은 학자로서, 한 가
문의 종손으로서 최선을 다
하셨다. 그리고 학처럼 단정
하고 고결한 삶을 살다가 금
년 5월 30일(음력 5월 5일), 91
세의 나이로 조상들의 영령

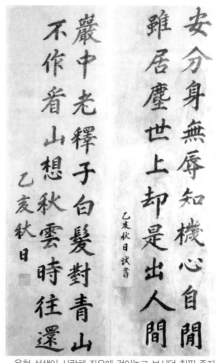

용헌 선생이 사랑채 좌우에 걸어놓고 보시던 친필 족자

이 계시는 부내의 뒷산 '독곡獨谷'의 기슭(도산서원 진입로 입구 옛 종택
뒷산)으로 가셨다. 단아하며 간단없는 한평생을 보내셨고, 마지막
월여月餘(꼭 1달 3일)의 병상생활에서 입원 초기에는 한복을 입고 문
병객을 맞이했으며, 사병임을 자각하고도 임종의 순간까지 그 품
위와 단정함을 잃지 않으셨다. 간소한 장례 이외에 특별한 말씀

은 남기시지 않았지만, 나는 이 와병기간 동안, 그리며 이승을 하직하는 순간 보여 주신 선친의 여러 가지 처신과 모습을 잊을 수 없다. 선친은 평소 너무 큰 사랑을 나에게 주셨고, 행동으로 인도해 주셨기에 많은 말씀을 할 것이 없었던 것이다. 이미 언급했듯이, 선친은 당신의 생애에 대한 소회와 유지를 「자명自銘」이란 글에 간결하고 담담하게 남기셨던 것이다.

운명하시기 두세 시간 전, 안동대학교 임노직林魯直, 이남식李南植 교수가 문병 와서, 이 교수가 "남식입니다" 하고 거듭 말하니 선친은 부축을 받고 앉아서 거의 눈을 감으신 채로 "이용구라고 합니다" 하고는 스르르 누우셨다. 이 한마디, 이 자세가 이승의 마지막 당신의 인사였다. 이런 처신은 대수롭지 않은 행동 같지만, 사실은 선친의 일생을 견지해 온 몸에 배인 투철한 유가정신의 결과로, 기력이 남아 있는 최후의 순간까지도 인사의 예를 다한 것이며, 필자를 가장 감동시킨 한순간이기도 했다.

병상에서 절대 엄금한 유언에도 불구하고 제자그룹인 분상학계 계원들에 의해 7일의 유림장이 거침없이 논의되었고, 임종이 전해지자 안동향교에서는 전교典敎를 비롯한 향내 8대가문의 대표가 모여 장시간 협의한 끝에 '처사處士'로 결정된, 요즈음 보기 드문 커다란 양식의 부고의 글이 다듬어졌다. 유림, 서원, 향중의 통지는 여기에서 감당했다. '유림장'은 그렇게 이루어졌다.

상가喪家에 문중파록門中爬錄과 더불어 장문의 향중파록鄕中爬

錄이 이루어짐은 오늘날의 인물에는 거의 없는 일로서, 우리 집안의 큰 광영이 아닐 수 없다. 한 분의 뚜렷한 학자가 존재했음은 어느 가문이든 수통垂統을 오랫동안 분명히 해 주는 찬란한 지남으로 남기 때문이다.

선친은 이제 가셨다. 그리고 고인이 되셨다. '죽음'의 과정이 있었고, '매장'의 순간이 있었다. 이런 기간에 한 인생의 표면적 결산이 있다면, 선친의 생애는 정녕 결산이 있고 의미 있는 것임에 틀림없다. 지금 비록 고인과는 유幽와 명明이 다른 세계로 갈려 있지만, 영령이 계시어 우리를 지켜보시리라 믿어 의심하지 않는다. 필자는 삼년상을 마치는 여막에서, 혹은 그 이후에도 이런 선친의 이력을 두고두고 되새겨 볼 참이다.

필자는 지금 선친의 유품을 정리하며 주위를 둘러본다. 그러고 보니 언제부터 여막에는 3개의 액자가 걸려 있다. 하나는 삼여재 김태균金台均 선생의 글씨이고, 하나는 이일걸李日杰 박사의 글씨이며, 또 하나는 권기윤權奇允 화백의 그림이다. 삼여재의 글씨는 '용헌庸軒'이라는 커다란 전서체의 편액이며, 권화백의 그림은 난蘭이다. 선친은 사랑의 대청에 그렇게 계시면서 진정한 안동 선비의 표상으로 남을 것이다.

용헌 선생은 농암의 16대손이다. 아들 이성원이 추억했듯이 학같이 고결한 선비의 삶을 살았다. 집안에 내려오는 문화유산을 보호하고 제사를 공들여 받드는 종손으로서의 과업 말고도 스스로 독서하고 저술하고 후학을 가르치는 일에 전념한 삶이었다. 용헌 선생은 사후 자신의 무덤 앞에 세울 비명을 손수 지었다. 삶을 간략히 개괄하고 자손들의 이름을 한 자씩 호명한 후 자신의 시 한 수로 마무리했다.

자신이 장차 누워서 영원히 잠들 곳, 그 앞에 세워 둘 빗돌의 내용을 미리 쓰는 마음이란 무엇인가. 도는 멀리 있지 않다. 비명은 단순하지만 아마도 1~2년 만에 지어진 것이 아닐 것이다. 용헌 선생도 선조들처럼 장수했다. 91세에 세상을 작별하면서 "더 이상 무엇을 바라랴"라고 썼다. 그렇게 말할 수 있는 삶을 살기 위해 용헌 선생은 평소 자신의 일상을 늘 점검하고 성찰했을 것이 확실하다. 도는 바로 그런 일상 안에 있는 것이리라!

용헌 선생의 「자명」을 첨부한다. 농암의 맑고 소슬한 정신이 여기까지 흘러와 있는 것이 느껴진다. 이것이 농암가의 정신의 정수일 것이다.

【「용헌거사 자명」】

나는 이름이 용구龍九이고 자는 시백施伯이며 성은 이씨로, 스스로 용헌거사라 했다. 조상은 영천에서 나왔고, 효절공 농암 선생의 16세손이다. 고조 휘 진연은 동종대부 부호군이었다. 증조

휘 희조는 호가 도독은인데, 어버이를 효성으로 봉양하였고 문행으로 한 시대에 중망이 있었다. 조 휘 유헌은 호가 낙애인데, 장신에 옥 같은 모습이었으며 가학을 이어 문집을 남겼음을 말씀하시곤 했다. 선고 휘 재명은 재행을 지녔으나 일찍 세상을 떠났다. 선비 전주류씨는 사인 동건의 딸이니 현감 긍호의 증손이다.

나는 1908년 도곡의 우시에서 태어났다. 앞서 선친이 시사의 소요로 위패를 모시고 이곳으로 와서 8년을 사셨다. 이후 곧 분천의 옛집으로 돌아와서 비로소 『맹자』 등의 경전을 읽기 시작했다. 1920년 겨울 아버지 상을 당하였고 1923년에 생가 할아버지마저 세상을 하직하시니 하늘에도 하소연할 수 없었다. 그리하여 배움을 잃고 법도를 잃은 채 방황하던 중 왜인들의 지배를 받게 되었다. 1939년에 아내를 사별하고 1940년에 재혼을 했다. 그리고 곧 계남으로 집을 마련하여 이사하였다.

1945년 8월 15일 해방되어 민주정부가 수립되었으나 북과 대립하였다. 시국이 혼란하여 마침내 대전으로 이사하였고, 드디어 동란이 일어나 모든 생령들이 어지럽게 되어서는 다시 계룡산 기슭으로 들어갔다. 사변이 진정된 후 아무것도 가진 것 없이 고향으로 돌아와 다시 가업을 도모하고자 하였다. 이리하여 족인들과 의논하여 종택을 중신하고 애일당을 건립하였으며 정동의 농암 선생 묘갈과 재사를 다시 세웠다. 또 널리 사림의 의론을 물어서 분간서원을 구축하였다. 1962년 여름, 어머니의 상을 당해 아우들과 삼년상을 마쳤다.

　그 후, 정부의 수력발전공사로 물길을 막아 댐을 설치하니 분천의 촌락들이 모두 물속에 들어가 회양의 처지가 되었는데, 우리 선조들의 선업도 역시 면할 수가 없었다. 어찌할 수 없어 마침내 사당과 서원 및 궁구당을 도곡으로 이건하고 이 한 몸은 안동 시내에 집을 지어 지내온 것이 또한 10여 년 세월이 흘렀다.

　엎드려 생각하건대, 대대로 분천에 살면서 청백의 정신이 이어졌고 20여 세대 동안 조상이 물려주신 규모의 삶을 살았다. 근세에 많은 어려움이 있었고 이제는 서업마저 탕실되었으니, 그 죄업이 어찌 적다고 할 수 있으랴. 여러 아우들은 먼저 세상을 떠나 버렸고 백발 늙은이도 이제 죽을 날이 얼마 남지 않았다. 더구나 지금 세상은 서구 문명이 들어와 윤리와 도덕이 사라져 버렸으니 더욱 편안히 탈가할 바를 알 수 없게 되었다.

　그렇지만 하늘의 신령함을 힘입어 정신을 새롭게 모아서 경전에 잠심하여 아침에 도를 듣고 저녁에 죽을 수 있으며 아들, 손자들이 집안의 문호를 가지런히 할 수 있게 된다면 그것으로 충분하다. 다시 무엇을 바라랴.

　1998년 5월 초5일에 세상을 떠나니, 분천 뒷산 독곡 기슭 건좌 언덕에 묻혔다.

　나의 선취는 곡강배씨 한근의 딸이니, 임연재 삼익의 후손이다. 딸 셋을 낳았는데 각각 전주 이병길, 영양 남영석, 김해 김영대에게 출가하였다. 후취는 한양조씨 식용의 딸이며 옥천 덕린 후손이다.

이병길은 1남 정재를 낳았고, 김영대는 2남 명환과 익환을 낳았다. 한양조씨는 3남 1녀를 낳았다. 장남은 문학박사 성원이다. 여강이씨 석중의 딸에게 장가들어 2남 병각과 병직, 1녀 병주를 낳았다. 차남인 공학박사 항은 안동권씨 석기의 딸에게 상가늘어 2남 병하와 병은을 낳았다. 3남인 문학박사 탁은 진산강씨 종수의 딸에게 장가들어 2남을 낳으니 병우와 병재이다. 딸은 전주류씨에게 출가하여 2남 영수와 성수를 두었으니, 나의 외손이다.

명하여 이르노니,

태어나서 험한 운명 만나
일찍이 의지할 바를 잃었네.
위로는 어버이 같은 스승도 없고
밖으로는 도와줄 이 없었네.
명이와 같은 고달픈 처지
지나온 자취들이 뒤엉켜 있네.
배움을 잃고서 아득하게 보낸 세월
완연히 상전벽해를 보는 듯하네.
더구나 수몰의 환난으로
선대의 유적이 탕실되어,

고향을 떠나 옮겨 살았으니

처량한 감회 끝없이 깊어지네.

안동 시내에 거처를 마련하고

경영하고 계획해서 문호를 넓혔네.

시서가 책상 위에 있고

성현의 훈계는 끝없으니,

엎드려 독서하고 우러러 사모하며

스스로 마음을 수양함에 힘썼도다.

이제 거의 허물을 줄일 수 있으니

다시 또 무엇을 구하리오.

4. 길사

종가엔 종손, 종부의 취임식이 있다. 사가처럼 그냥 대를 잇는 것이 아니다. 종손이 돌아가신 후 삼년상을 마치고 새 종손이 취임하는 '길제吉祭'를 치러야 정식으로 가문이 승인하는 종손이 되는 것이다. '길제'는 '길사吉祀'라고도 하는데, 제사 가운데 유일하게 '즐겁게 지내는 제사'이다. 한 대에 한 번씩 치러지니 쉽게 구경할 수 없는 제사다.

'길제'는 쉽게 설명하면 '종손, 종부 취임식'이다. 종손이 죽으면 장자가 그대로 종손이 되는 것이 아니다. 새 종손, 종부를 결정해야 했고 취임식이 있어야 했다. 그 취임식이 길제이다. 이는 자손 모두의 관심사이다. 자연 이날은 많은 자손들이 참석한다. 연비관계에 있는 인척들도 참석한다. 경비는 대부분 문중에서 감당한다. 적어도 '길제' 만은 문중축제이기 때문이다. 정체성과 긍지, 그리고 자부심을 갖게 하는 의미 있는 의식이다.

농암종가의 '길제' 는 주제자인 종손에게도 문화충격이었다. 돌아가신 밤에 지내는 '기제忌祭', 철따라 지내는 '시제時祭', 묘소 앞에서 지내는 '묘제墓祭' 에 익숙하던 종손에게 길제는 전연 다른 성격의 '축제' 같은 제사였다. 농암종가에서 실로 75년 만에 치러진 경사스런 제사(吉祭)였다. 아버지가 돌아가셔서 삼년상을 치르고 사당에 들어가려면, 사당에 있던 제일 어른인 5대조 할아버지는 자신의 자리를 후손에게 물려주고 사당을 떠나야 한다. 이때 사당에서 5대조 할아버지의 신주를 내보내고 새로 아버지의 신주를 모시는 의식과, 또 새로운 제주의 이름을 새겨야 하는 의식을 행하는데, 이를 모두 길제라 한다. 이는 4대조 이상은 제사를 모시지 못하기 때문에 이루어지는 의식이다. 옛 왕가의 법도에 따른다면 왕위를 물려주는 '대관식' 과 같은 것이다.

길제의 꽃은 종손이 아니라 종부다. 족두리에 원삼을 곱게 차려 입고 부축을 받아 사당에 나아가 절을 하는데, 이 의식이 길사의 대미를 장식한다. 이런 절차를 밟아서 '불천위 선조' 를 비롯한 고조, 증조, 조부, 부모의 위패에 '奉祀孫○○奉祀' 라 쓰면 '종손', '종부' 가 된다. 취임식을 마치면 비로소 종손, 종부의 고유한 업무에 돌입하게 된다. 길사 이후 비로소 이성원은 '종손'

이 되었고, 이원정은 '종부'가 되었다.

보랏빛 들국화가 해맑게 핀 2000년 가을, 영천이씨 종가 궁구당 앞마당에는 가문의 큰 행사인 길제에 참석하기 위해 전국에서 모여든 문중 어른들의 도포 자락들이 펄럭였다.

16대 종손 이용구李龍九 옹은 지난 98년 91세로 세상을 떠나셨다. 길사는 3년상인 대상大祥과 담제禪祭를 지낸 후 신주가 사당으로 들어가는, 한 대에 한 번씩 치르는 큰 의식이다. 지금까지 후손들로부터 제사를 받아 온 5대조 할아버지는 새로 들어오는 후손에게 자리를 내주고 물러나게 된다. 영혼이 비로소 자신이 살았던 종가와 사당을 떠나 본인의 무덤 곁에 신주로 묻히게 되는 것이다. 사당을 떠나기 전 마지막으로 제례를 받고는 이제 일년에 한 번 가을에 자신의 무덤에서 지내는 세일사歲一祀만 받게 된다. 사당에서 떠난 5대조 자리에는 그 아랫대인 증조할아버지가, 증조할아버지 자리에는 할아버지가, 할아버지 자리에는 아버지 신주가 모셔진다. 그리고 지금까지 제주였던 부모가 돌아가셨으니 그 아들이 제주가 된다는 것을 신주에 다시 새기게 되는 개제주改題主도 해야 한다.

이런 의식들이 모두 길제에 포함된다. 길제의 '길吉'이란 자손이 있어 조상을 섬길 수 있다는 의미에서 슬픈 제사가 아니라 길하다는 뜻이 담겨 있다. 종암종택의 길제는 종손의 선친 용헌 선생이 행한 이후 무려 75년 만에 행해지는 제사였다.

17대 종손인 이성원이 제주가 되었다. 신주에 이름을 바꾸는 의식은 하루 전에 미리 해 두었고, 이날은 불천위인 농암 선생의 신주를 포함한 여섯 분의 신주에 각각 제물을 올리고 제주가 바뀌었다는 고유제를 올렸다. 때문에 많은 문중 사람들이 참석해 한 대가 바뀌는 소중한 의식을 지켜보았다.

  이날 2백여 명의 문중 사람이 지켜보는 가운데 엄숙하면서도 장엄하게 행해진 길제에서 가장 눈길을 끈 것은 혼례 때 입는 원삼 족두리 차림으로 참석한 종부 이원정李源定이었다. 평소에는 제사에 여자가 잔을 올리는 예가 흔치 않지만, 길사에서만은 종가의 안살림을 책임질 종부가 아헌(두 번째 술잔)을 한다.

  종부는 양쪽에서 두 사람의 부축을 받으며 사당으로 들어왔다. 엄숙하던 사당 안이 종부의 옷차림으로 갑자기 환해졌다. 종부는 여섯 분의 신주 각각에 술을 올리고 네 번씩 절을 했다. 모두 24번의 큰절을 해야 하는 것이다. 앞으로 사당에 계신 선조들의 제물을 정성껏 준비하며 가문의 영예를 위해 힘쓰겠다는 무언의 약속이다.

  종부가 길제 때 혼례복을 입은 것은, 초상이 난 이후 이날부터는 화려한 옷을 입어도 무방하다는 뜻이기도 하다. 상례의 시작은 삼베로 만든 상복을 입는 일부터다. 삼년상을 치를 때까지는 상복을 입고, 삼년상이 지나면 흰옷 차림으로 지내다가 길제를 지낸 이후부터는 화복華服을 입는다고 예서에도 나와 있다. 또

사진제공: 쿠켄

길제를 지내기 위해 영천이씨 후손들이 사당 앞에 도열해 서 있다.

길사를 지내기 위해 원삼을 차려 입은 종부 이원정

길사에서 종부가 원삼을 입고 신위 앞에 절하고 있다.

길사에 차린 제수들이 푸짐하다. 생선과 고기를 익히지 않고 상에 올린다.

한 사당의 조상은 물론 문중 사람들 앞에서 대를 이어 조상을 성심껏 모실 것과 문중의 대들보인 종손과 종부의 위엄을 대례복으로 차별화해 보여 주는 것이다. 종손은 갓과 하얀 모시 도포 차림이다.

이날 제물은 제상이 비좁게 느껴질 정도로 풍성했다. 불천위 제상을 비롯해 여섯 개의 상 위에는 음식이 가득했다. 제물은 일반 제례 음식과 크게 다르지 않았지만 제례 음식의 진수인 적炙은 모두 익히지 않은 날것으로 쓰는 것이 이색적이다. 혈식군자血食君子라 하여 군자에게는 날것을 올린다는 뜻이다. 또 식해를 엿기름에 삭히지 않고 밥을 둥근 접시에 담아 다시마로 고명을 올린 것도 다른 가문에서는 볼 수 없는 색다른 것이었다.

신주로부터 맨 앞줄에는 밥과 국, 수저와 술잔이 놓였다. 콩시루편 위에 잡과편, 조약, 화전, 흑임자 고물을 묻힌 깨구리편을 웃기떡으로 소담하게 쌓아 올렸다. 편청이라 하여 꿀을 놓았고 편적이라는 배추전도 놓였다.

두 번째 줄에는 메국수라 하여 밀가루에 콩가루를 섞어 칼국수를 만들어 건지만 담고 그 위에는 다시마를 고명으로 올렸다. 작은 명태를 적 받침으로 깔고 고등어, 방어, 상어, 조기, 쇠고기 순으로 쌓아 올렸다. 적에 들어간 고기들은 모두 날것으로 꼬치에 꿰었다. 맨 위에는 온마리 닭을 약간 익혀서 배가 위로 가게 놓았다.

적을 가운데에 두고 양옆으로는 다섯 가지 탕을 놓았다. 탕은 문어, 명태, 방어, 상어, 홍합, 쇠고기를 넣어 따로 끓였다. 각각의 그릇에 담아 생선탕 세 그릇은 동쪽에, 고기탕은 서쪽에 놓아 어동육서魚東肉西로 자리를 정했다. 세 번째 줄에는 메좌반이라 하여 방어 2접시를 놓았지만 역시 날것이다. 그 옆으로 청장을 놓았다.

나물은 다섯 가지로 각각의 그릇에 담았다. 재료는 삶은 배추(숙주), 무, 도라지, 고사리, 토란대를 썼다. 밥식해와 물김치도 올린다. 마지막 줄에는 과일이 있었다. 서쪽으로 밤, 감, 땅콩과 호두를 올리고 가운데는 시절 과일로 수박을 놓았다. 사과와 배는 아래위만 잘라 놓았다. 대추는 살짝 삶아 집청과 설탕을 넣어 졸인 다음 깨를 묻혀 담았다.

과일은 조동율서棗東栗西로 올린다. 대구포가 과일줄 동쪽 끝에 놓인 것도 여느 집과 달랐다. 술은 대개 집에서 담가 올리지만 이날은 청주를 썼다.

이렇게 가짓수가 많은 음식을 정갈하게 장만하는 제수가 엄숙하게 전래돼 왔기 때문에 우리의 전통음식이 보존될 수도 있었을 것이다.

종가의 길제는 함축하는 의미가 크다. 대가 바뀌는 것을 장엄하게 형식화했다. 죽은 조상을 위한 것 같지만, 실은 삶의 의미를 깊고 장엄하게 만드는 것이 제사다. 한 인간의 죽음 이후에 그의 생전의 삶을 이토록 기리는 민족이 지구상에 또 있을까. 장례를 격식 맞춰 엄숙하게 치르고 또 3년 동안 빈소에서 아침저녁으로 따뜻한 식사를 올린다. 소상, 대상을 거쳐 담제, 길제까지 아홉 번의 큰 제사를 받고 나면 사당에 모셔져 4대에 걸쳐 대략 1백 20년 동안은 일 년에 몇 번씩 융숭한 제사를 받는다. 우리가 궁핍 속에서도 문화민족으로 서의 자부심을 잃지 않았던 것은 분명 이 제사의식과 깊이 관련되어 있을 것이다.

그 제례 속에서 음식, 복식, 정신규범이 죽지 않고 생생하게 살아남을 수 있었다. 봉제사에 철저한 종가의 역할은 그런 의미에서도 중요한 의미를 지닌다.

5. 상례

    2010년 겨울 종손 이성원의 어머니 한양조씨가 별세했다.
요즘은 종가에서도 굴건제복하고 집에서 손님을 맞는 예가 거의
없다. 다들 병원에서 상례를 치르고 만다. 간편함을 좇는 것이다.
그러나 이성원은 종가에서 보존하고 지킬 것이 조상의 신주만이
아니라 전통적인 우아한 의식이라고 생각하고 있었다. 장례를
대행사에 맡겨 간편하게 치르는 대신 그는 안팎 뜰에 차양을 치
고 대청에 여막을 짓고 문상객을 집에서 받았다. 베옷을 입고 죽
장을 짚고 애곡을 했다. 추운 날이었지만 바깥에 가마솥을 걸어
국을 끓였다. 한양조씨는 89세까지 장수하셨으니 그리 애통한
초상은 아니라 하겠지만, 3형제는 대나무로 만든 지팡이를 짚고

굴건제복을 하고는 슬픔에 겨워 호곡했다.

의례는 장중하고도 우아했다. 죽음의 길에 발을 내딛는 이에게는 이 정도의 배웅은 있어야 마땅하리라는 것을 유교식 장례를 보면서 새삼 느꼈다. 의례가 엄숙하다는 것은 삶의 품격을 높여 주는 일이다. 효율을 위해서만 사고한다면 삶도 죽음도 삭막하기 그지없다. 한 인간이 자연으로 돌아가는 이별의 절차가 기능적으로만 끝나서는 안 되리라는 각성을 농암종가는 보여 줬다. 관혼상제의 의미와 법식을 보존하는 것이 종가의 기능이라고 종손은 믿고 있다. 안동지방에서 상주는 아이고 아이고 곡을 하고 문상객은 어이 어이 하고 곡을 한다. 주인과 객의 곡소리는 절묘하게 조화하면서 죽은 이의 영혼을 배웅하는 화음이 된다.

장례의 상세한 절차는 농암종가만의 특별한 방식이 따로 있지는 않아 여기서는 생략한다.

제6장 농암 17세손 이성원에게 흐르는 시

1. 사문의 도를 이어 주게

현재 농암종택의 종손은 농암의 17대손인 이성원(53년생)이다. 안동댐 수몰 이후 흩어진 농암종택을 수습하여 지금의 자리에 터를 잡은 장본인이다. 그는 착목하는 곳이 먼 사람이다. 오래된 갈망이 그를 사람이 발 딛지 않는 땅 가송까지 끌고 왔을 것이다.

이성원은 가송리를 처음 마주친 1994년 가을의 감격을 아름답게 기록해 뒀다. 다른 누구의 말보다도 그 자신의 말이 울림이 훨씬 깊으니 옮겨 본다.

발걸음이 무인지경의 협곡 안으로 끌려 들어갔다. 사람이 다닌 흔적은 없었지만 걷지 못할 길도 아니었다. 깨끗하고 예쁘

가을에 본 농암종택 주변

게 흐르는 강물의 굽이, 물결에 다듬어진 강돌맹이, 야생화와 잡초, 키 큰 포플러나무가 자라는 강변 언덕, 그 사이를 비집고 절묘하게 조성된 은빛 모래사장. 그리고 이런 수평적 아름다움을 수직적 아름다움으로 감싸 안은 병풍 같은 단애. 정신을 차려 보니 도산면 가송리 올미재라는 땅이었다. 잃어버린 부내에서 불과 이십여 리 떨어진 곳이었다.

낙동강 상류의 협곡 안으로 자신도 모르게 끌려 들어간 그는 모래사장 가운데 서서 하늘을 올려다봤다. '어머니 품안 같은 안온함' 과 '우주로 통하는 듯 열린 감각' 이 동시에 느껴지는 땅이었다. 직관적으로 "여기다, 바로 여기다!" 싶었다. 이튿날 아내와 함께 다시 오고, 우여곡절 끝에 그 땅들을 사들였다. 파라다이스 재건이 시작된 것이다.

간단히 한 문장으로 "그 땅들을 사들였다"라고 하였지만 거기에는 별의별 이야기가 숨어 있다. 지금 농암종택이 들어선 땅은 모두 2만여 평(6만6000여 ㎡)에 달한다. 그걸 다 사들이기까지 일개 서생이었던 그가 바친 시간과 노력은 하늘에 닿을 정도다. 땅을 사들이는 과정에서는 보이지 않는 손이 슬쩍 등 뒤를 밀어주는 듯했다. 원래 지금 종택 사랑채 자리엔 박씨 노인의 집이 있었다. 그 자리가 탐났지만 선뜻 말을 꺼내지는 못했다. 당시 그는 안동 길원여고에서 한문을 가르치고 있었다. 그 후로도 자주 들러 강변을 걷고 바위를 쓰다듬고 나무를 껴안아 봤다. 머지않아 박 노인에게 땅을 팔겠다는 연락이 오고 그 곁의 밭 임자도 무슨 운명처럼 땅을 사 달라고 종손에게 청을 넣었다.

그렇게 청량산이 발치를 담그고 있는 가송리 강변은 한 자락 씩 종손의 소유가 돼 갔다. 보이지 않는 손으로 등을 밀어주는 분 은 아마도 농암 선생이었는지도 모른다. 그는 낙관과 기개로 우 쭐우쭐 앞으로 나갔다.

원래 소유자가 일고여덟 명이었던 가송 땅은 차츰 종손의 손 으로 넘어왔다. 가진 돈이 있었던 건 아니었다. 퇴직금이 필요해 서 학교에 사표까지 냈다. 아니, '낙원회복' 을 위해 에너지를 한 군데로 모을 필요가 절실하기도 했다. 그는 마흔 이후 후반생을 종가복원에 올인하기로 결심했다. 일은 착착 진행되었다. 앞에 서 말했듯이 세 가지 기적이 작동했다. 부내와 똑같이 닮은 땅이 거기 숨어 있었고, 그 땅이 종손의 수중에 들어왔고, 마침내 거기 에 집이 지어지기 시작했다.

지금 농암종택이 놓인 곳은 행정구역으로는 안동시 도산면 가송리에 속한다. 가송리는 안동시와 봉화군의 접경에 위치한, 주로 청량산 남쪽 자락에 형성된 산간마을이다. 최근 국도가 포 장되어 이 지역의 경관이 변하긴 했지만, 가송리만은 아직까지 대부분 국도변에서 바로 보이지 않는 곳에 있다. 그래서 산촌의 한없는 고요와 평화를 오롯이 간직하고 있다.

가송리는 산촌이지만 한편으로는 강촌이다. 잃어버린 부내 역시 강촌이자 산촌이었다. 낙동강은 여기 가송리에 오면 상류 지역 특유의 청정함과 더불어 우아하고 뚜렷한 물굽이를 이룬 다. 가송리는 산비탈의 여러 부락들이 강을 좌우로 개간된 올망 졸망한 토지를 중심으로 각각 독립된 모습들을 보여 주고 있다. 그래서 가송리의 자그만 부락들은 저마다 독특한 이름들을 가지 고 있다. 고리재, 불티골, 쏘두들, 가사리, 올미재, 매내, 장구목, 높은데…….

안동지방의 촌락들은 대부분 한자의 연원으로 작명되었다. 그러나 이 마을 지명들은 우리말 이름을 잃지 않아 특이한 순박 성과 토속성을 지닌다.

가송이 안동의 오지라면 농암종택이 들어선 올미재는 가송 의 오지라고 할 수 있다. 원래 이곳은 인가 몇 집이 바깥과 거의 내왕하지 않고 땅을 갈아 먹고살았다. 인적 없는 강변길 몇 킬로 미터를 걸어 들어가야 하는 이곳은, 농암종택이 세워지지 않았다 면 아마 오랫동안 존재조차 알려지지 않았을 숨어 있는 땅이었 다. 지형의 특성상 상, 하류 어느 곳으로도 차량 진입이 어렵게 되어 있고, 하류는 무인지경의 긴 협곡이 이어진 데다 상류는 가 사리 부근에서 길이 끊어져 있었다. "몇 번이나 서쪽 산 위에 올 라서서 올미재를 조망해 봤지. 청량산이 여기 이르러 자신의 정 기를 다 모아 최후의 걸작을 빚어 놓았구나 싶을 만치 마음에 쏙

드는 땅이었어."

그는 말하자면 개척자였다. 여간한 뱃심으로 대들 수 있는 일이 아니었다. 추진력엔 치밀성과 저돌성이 동시에 필요하다. 그는 주도면밀했고 동시에 대범했다. 그랬기에 사라진 부내는 한 세대 만에 다시 부활할 수 있었다.

종손이 처음 이 땅을 발견한 날로부터 17년이 지난 지금, 가송리엔 고래등 같은 기와집 스무남은 채가 들어섰다. 사람이 걸을 길도 나 있지 않던 땅에 강변을 따라 찻길이 났다. 길가엔 배롱나무 가로수도 심어졌다. 헐렸던 'ㄷ'자 종택이 복원되었으며 긍구당, 애일당, 명농당 같은 흩어진 정자가 다시 모이고 분강서원과 사당과 신도비가 이건되었다. 옛 그림과 시에만 나오던 '강각'이란 정자도 새롭게 들어섰다. 옛 부내 앞 강기슭에 놓였던, 한 글자의 크기가 무려 75㎡나 되는 '농암聾巖'이라 각자한 거대한 바윗돌도 기중기에 실려서 옮겨졌다.

역사는 아마도 현 종손 이성원을 안동 영천이씨의 중시조로 기록할 것이다. 그가 혼자서 이뤄 낸 사업규모는 장엄하고 웅대하다. 안동댐 건설로 수몰된 그의 원래 고향 부내보다 더 큰 규모의 농암종가를 새롭게 일구어 낸 힘이 그에게서 나온 것이다. 1998년, 이성원은 김대중 당시 대통령에게 "농암 선생 유적의 복원은 강호문학과 한국적 풍류의 진정한 실상을 모여 주는 결정적 장소를 제공할 것"이며 "문향으로서의 안동문화를 올바르게 다시 알리는 계기가 될 것"이라는 내용을 담은 탄원서를 보냈고, 흩어져 있던 족친들에게도 일일이 글을 보내 종택복원사업에 관한 협조와 공감을 구하였다.

그때 그가 선조의 업적과 남은 유물의 가치에 대해 공부하면서 써낸 글은 거의 원고지 1천 장에 육박한다. '글의 힘'이 오늘의 가송을 이뤘다고 나는 생각한다. 문약文弱이라지만 그렇지 않다. 문장이 행정의 가슴을 두드렸고 핏줄의 응집력을 건드렸다. 늦었지만 나라에서 30년 전 잘못을 사죄하듯 '농암선생유적복원사업'을 지원했던 것이다. 종손이 미리 이곳에 땅을 마련하고 꿈의 주춧돌을 놓지 않았다면 어림없을 일이었다.

부내 수몰 당시 그는 20대였다. 종가의 의미와 역할을 제대로 알지 못한 채 심리적 부담감만 막중하던 시절, 선친 이용구 선생이 종가를 지키려 분주히 뛰었지만 개발열풍을 막을 수는 없었다. 당시 문화재로 지정됐던 애일당과 긍구당만 이건되고 종택 건물 자체는 물에 잠겨 버렸다. 분강서원도 사라졌고, 정자들은 이곳저곳으로 뿔뿔이 흩어져 버렸다. 20대의 끓는 피였기에 집과 고향을 수몰당한 절망의 깊이는 더욱 컸다.

청춘의 한때 종손은 몹시 방황했다. 나아갈 길의 방향을 가늠할 수 없었다. 종가를 지킬 수도 버릴 수도 없는 딜레마에 빠졌달까. 성균관대학교 한문학과에 진학한 이성원은 서울에서 안동과는 전혀 다른 모습을 본다. 당시 종손의 눈에 비친 서울은 썩은

자본주의와 군사문화, 이 모순을 깨고자 하는 사회주의 계열의 몸부림과 좌절로 가득 차 있었다. 그 와중에 마음바닥에 16세기적 고향을 향수처럼 간직한 자신이 서 있었다.

그는 어려서부터 영남유림의 최고 학자라는 평판을 듣던 선친 이용구 선생 앞에 꿇어앉아 『천자문』과 『소학』, 『자치통감』과 『논어』, 『맹자』를 읽었다. 그래서 한문 해독이 자유롭고 글쓰기도 여느 사람보다 훨씬 활달했다. 집안에 소중히 모셔져 오는 『애일당구경첩』이니 『농암면례일기』니 『영정개모일기』 같은 것을 심심하면 들여다봤고, 거기 등장하는 숱한 인물들의 이름과 고향과 연비관계를 짚어 보는 것을 즐겼다. 놀이 같았지만 그것은 실은 종손 수업이었다. 종손이 될 준비는 그렇게 은연중에 이루어졌다. 학문하고 시 쓰는 이 집안의 유전자가 어련했으랴. 그는 나중에 퇴계와 율곡의 리기논쟁 연구로 박사 학위도 얻게 된다.

이성원은 곧잘 "학자가 못된 좌절로 청춘이 아프게 흘러갔다"라고 말하지만, 실제로 그는 지금껏 학자이지 않은 적이 없다. 선인이 남긴 글을 읽고 탐색하고 궁구하고 거기서 생기는 자신의 소회를 쓰는 일을 멈춘 적이 없다. 그게 학자가 아니고 무엇이랴. 2008년 출판한 그의 책 『천년의 선비를 찾아서』(푸른 역사)에는 종손이 지금껏 궁구한 유교와 자연과 인간에 대한 통찰과 사색이 두루 담겨 있다. 자신이 몸담고 사는 도산구곡에 깃든 가문과 인물과 자연과 시와 철학을 서리서리 읊은 그의 글은 치밀하고도 호방하다.

　지금 농암종가 서재에는 종손이 붓으로 쓴 「신귀거래사」가 액자에 담겨 걸려 있다. 정확히 500년 전(1510) 44세의 농암은 고향에 명롱당을 짓고 벽 위에 「귀거래도」를 그려 붙였었다. 종손이 이 땅을 발견하고 벽 위에 「귀거래사」를 써 붙인 것과 똑같은 나이다. 역사는 이렇게 슬쩍 겹쳐지고 휘돌면서 우리를 아연하게 만든다.

　종손의 자는 '계도繼道'다. 젊은 날 관례를 하면서 받았던 또 다른 이름이다. 그때 어른들은 종손에게 "사문斯文의 도를 이어 달라"고 주문하셨다. '사문'이란 '유가'를 말함이니, 계도는 곧 "유가의 도를 이으라"는 의미였다. 큰 집안의 종손이란 이미 개인일 수 없었다. 분명한 사회적 책무가 부여되어 있는 공인이었다. 관례는 그에게 종손으로 살아 달라는 주문이었다.

　종가의 책무를 간단히 요약하면 봉제사와 접빈객이다. 제사를 받드는 것과 손님을 접대하는 것! 그러나 들여다보면 이 책무는 종손의 몫이라기보다는 실은 종부의 몫이다. 종손은 형식인 의례를 책임지지만 종부는 내용인 음식을 장만한다! 그래서 종손의 혼인은 몹시 중요하다. 여느 홑집 여인 같은 개인적이고 이기적인 가치관을 가진 여인은 종부가 될 수 없다. 어떤 종부를 맞느냐에 따라 종가의 운명이 좌우된다고 해도 크게 잘못된 말은 아닐 터이다. 때문에 개인의 안락을 최고의 가치로 추앙하는 요즘

세상에는 불천위 종가의 종부라는 위치를 달가워하는 여인들이
거의 사라져 버렸다. 우리 어머니 시대엔 불천위 종가의 종부가
아마도 정경부인에 버금가는 영예였을 테지만 세상은 이미 달라
졌다.

그래서 혼인 문제는 종손의 길로 들어서는 첫 번째 도전이고
시금석이었다. 오랜 기간 수십 차례의 맞선을 봤지만 혼인은 쉽
게 성사되지 않았다. 그러다가 그의 마음에 쏙 드는 여인이 등장
했다. 경주 양동마을 회재 이언적의 후손인 이원정씨였다. 다행
히 상대인 이원정씨도 그에게 수줍은 웃음을 지어 보였다.

그러나 결혼은 쉽지 않았다. 장모, 처형 등 주로 여자들이
'불천위 종부의 인생'을 선택하는 일에 부정적이었다. 명백한 거
부의사가 전해진 지 3개월여 뒤, 5월 어느 토요일 오후, 그는 느
닷없이 기차를 타고 경주에 내려가서 처녀의 집을 방문한다. 그
리고 일주일 만에 승낙을 받아내고 한 달 뒤에 급히 예식을 올린
다. 그렇게 종부가 된 이원정씨는 여느 집 여인과는 꽤나 다른 삶
을 살게 된다. 시부모를 한집에서 봉양함은 물론 끼니마다 수십
명의 밥상을 차려내고 일 년에 십수 번의 제사를 지내면서도 낯
빛에 언제나 환하게 웃음을 물었다.

안동지방에는 "종부는 하늘이 낸다"라는 말이 있다. 그 말은
이원정 씨에게 딱 들어맞는 말이다. 시어른에게 매번 따끈한 끼
니를 차려드리고 날마다 수십 명이 함께 식사를 하고 제사를 지

내는 일이 싫지 않았다. 싫지 않은 정도가 아니라 뿌듯하고 즐거웠다. 지금도 농암종가에 가면 종부는 곧잘 붙들고 밥 먹고 갈 것을 강권한다. "큰집 지키고 사는 사람이 밥을 나눠 먹어야지요. 밥 한 끼를 나누지 못하면서 어떻게 큰집을 지켜요?" 그렇게 되물으며 나물 반찬만 스무 가지가 넘는 밥상을 재빨리 차려서 들어온다.

2. 천년의 선비를 찾아서

농암종가는 지금 전국에 흩어져 있다는 2만여 안동 영천이 씨만을 위한 집이 아니다. 농암이 영천이씨만의 조상이 아니라 우리 모두의 시인이듯, 새로 지은 이 집도 그 가문만의 것일 수는 없다.

담장을 활짝 열고 그 옛날 과객을 맞아들이듯 여행객이나 명상객을 받아들이고 있다. 잠을 재워 주고 밥을 먹인다. 주말이면 아침마다 밥 먹는 사람 수가 50여 명은 되고, 평일에도 10여 명은 훌쩍 넘는다. 전국 각지에서 농암종가를 찾아와 하루를 묵고 가면서 한옥과 한식과 한국의 정신을 명상하는 사람들이 늘고 있다. 아무나 안방에 들어와 밥을 먹을 수 있고 긍구당, 강각, 명농

사랑채 대청. 오른쪽으로 긍구당이 보인다.

종손이 종택 사랑채에 모인 사람들에게 농암의 강호지락을 설명하고 있다.

당에서 잠을 자고 갈 수 있다. 심지어 드넓은 대청을 가진 사랑채
도 공개했다. 물론 잠자고 밥 먹는 게 무료는 아니다. 도시든 산
촌이든, 종가든 여염집이든, 먹고사는 일엔 '항산恒産'이 필요하
니 방값과 밥값을 적절히 책정해서 받기는 한다. 마루가 딸린 정
자들은 10만 원, 작은 방은 그보다 좀 적게 받는 숙박비가 지금
종손의 수입원이다.

　종가 살림을 지손에게 의지하던 시절은 지났다. 종가도 어
떻게든 독립적으로 먹고살아야 하는데, 위토(조상을 받들려고 마련한
토지)에서 수입이 생기는 시절도 아니다. 안동의 숱한 종가가 속

수무책 낡고 헐어 가는 이유가 여기 있다. 종손이 밥벌이를 위해 어쩔 수 없이 종가를 떠나야 하는 시절이 한 세대 이상 계속돼 온 것이다. 종가가 경제적 독립을 이루는 모델을 보여 주고 싶은 종손 이성원의 모색은 이제 나름대로 성공을 거두는 듯하다. 전국 숙박업소 평가에서 농암종택이 1위를 했다는 소식은 신기하고 또 반갑다. 손에 잡히는 온고이지신溫故而知新이다.

농암종가 밥상머리에서는 갖가지 담론들이 등장한다. 주로 농암과 퇴계의 문학과 철학에 대한 화제가 많지만 개인의 고민을 털어놓는 이들도 있다. 종가와 시를 논하는 자리에서 종손은 우리가 잘 모르는 선조들의 지혜와 전통적 삶의 가치에 대해 늘 몇 마디쯤 언급한다.

농암종택 안방 한켠엔 묵매도 한 폭이 걸려 있다. 고졸한 그림이다. 자연스럽게 묵매도 곁에 놓인 퇴계와 주자의 묵매시를 함께 읽고 증조부가 써 놓은 묵매도의 제題를 현대어로 번역하는 날도 있다. 나도 여러 번 그런 자리에 끼어 앉아 있었다. 이런 경험은 전국 어디서도 쉬이 하기 어려운 것들이다. 산과 강이 어우러진 이런 산천과 덩실한 대들보 아래 아름드리 소나무 기둥이 낡아 가는 집이 지어지지 않았다면 현실감을 얻지 못했을 이야기들이다.

종손의 증조부 낙애공이 쓴 묵매화도의 해설을 번역하면 이렇다.

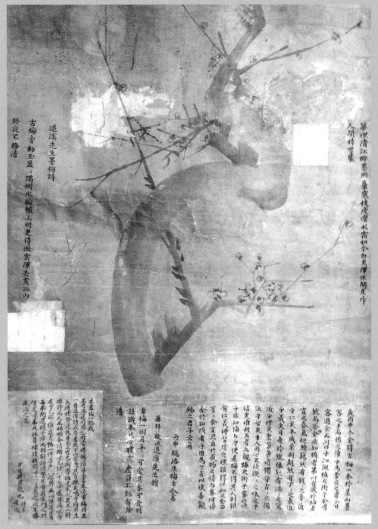

요절하신 증조부 낙애공이 제를 쓴 묵매화도

병신년 겨울 내가 성산(현 성주)의 화가에게 매화도 한 폭을 얻어 족자를 만들어 걸어 두고 항상 마음의 양식으로 삼고자 했다.

어느 나그네가 지나가다가 묻기를 "자네는 매화를 볼 줄 아는가" 하기에, 내가 놀라 말하였다. "무슨 말씀인가, 나에게는 그런 안목이 있지 않고 다만 느낌이 있을 뿐이다. 봄이 화창할 때 꽃망울들의 향기로운 냄새는 인仁에 가깝고, 겨울 매서운 추위에도 초연함을 잃지 않음은 의義에 가깝고, 달빛이 영롱한 가을에 나타나는 은은한 자태는 예禮에 가깝고, 온갖 꽃들이 다투어 아름다움을 뽐낼 때 홀로 고고한 지조를 지킴은 지智에 가깝다. 이것이 주인의 마음과 같으매, 그 담담한 맛을 고치지 않음은 신信에 가깝다, 오직 이 다섯 가지가 매화를 보는 안목이 아니랴."

나그네가 다시 말하기를 "그대는 매화를 모르는 사람이 아니다. 이 매화는 진실로 그 사람이 아니면 비록 인의예지신의 이치가 있다 하더라도 누가 그것을 알겠는가!" 하니, 내가 말하기를 "전연 그렇지 않다. 나는 감물感物의 정情에서 말했을 뿐인데 나그네는 어찌 나를 관매자觀梅者로 보는가!" 했다.

이리하여 글을 지어 후일 정말로 매화를 잘 볼 줄 아는 사람을 기다리고자 한다.

　　　　　병신년 12월 낙애洛厓 매주인梅主人 이유헌李裕憲 씀

낙애공은 1870년에 나서 1900년에 졸했으니 그 기간 중의 병신년이라면 1896년이다. 그러니 따져 보면 저 글은 그 어른이 고작 27살에 썼다. 약관에 이미 선비의 경지에 오른 듯, 맑고 담담한 기운이 글 안에 감돈다. 먹으로 그린 매화 그림을 구하여 오른쪽에 주자의 묵매시를, 왼쪽에 퇴계의 묵매시를 써 둔 것이 낙애공의 미직 안목이고 유가적 지표였으리라.

낙애공의 해설 뒤쪽엔 다시 용헌 선생의 글이 있다. 조부가 남긴 글 아래 손자가 자신의 소회를 풀어놓았다. 조손의 글이 나란히 앉아 있는 족자는 이미 무심한 그림일 수 없다. 시간과 정신과 먹이 오랫동안 발효해서 이루어진 향기가 감돈다. 용헌 선생이 쓰신 글의 내용은 이렇다.(글을 번역한 건 물론 종손 이성원이다.)

오른쪽 매화도 한 폭은 내 조부 낙애부군이 감상하던 족자이다. 그림 양쪽으로 주자, 퇴계의 묵매도 한 수씩을 쓰고 그 아래에 당신의 뜻을 붙여 놓았는데 그 뜻이 매우 오묘하다. 부군께서 태어나서 시와 예를 배우시고 장신옥립長身玉立으로 가문의 기풍을 잇기에 부족함이 없으셨다. 그러나 하늘이 순조롭지 못하여 홀연히 세상을 떴으니 이미 87년 전의 일이다. 못난 손자가 통한이 어찌 다함이 있으랴. 오직 이 묵매도 한편이 남았으니, 거기 적힌 말이 매양 새롭고 맑아 가문의 공벽(보배)과 같도다. 그러나 세월이 오래되어 조폐(낡고 거침)하여 능히 전

하기가 어려우니, 이에 불초한 내가 표구 사원에게 부탁하여
보결장신補缺藏新해 둔다. 그리고 말미에 이 추모지사를 붙여
두노라. 아아, 진정 슬픔을 이기기 어렵도다. 불초손 용구

조부가 남긴 족자를 수선해서 해설을 붙인 용헌 선생의 글도
아름답긴 마찬가지다. 이성원은 귀한 묵매도를 서랍 깊이 감추
지 않고 일부러 가장 잘 보이는 곳에 걸었다. 거기서 흘러나오는
역사와 시의 힘에 귀 기울이기 위함이고, 농암종가 안방을 찾아
식사하는 여러 사람들과 그 뜻을 공유하기 위함이다.

3. 「신귀거래사」

이성원이 가송에 와서 한 일은 종손 노릇만은 아니었다. 지역의 역사와 문화를 살려내는 일에 종손 역할 이상의 힘을 쏟았다. 앞서도 말했지만 이 지역은 전국 어디에도, 아니 세계 어디에도 유례를 찾기 어려운 시와 문화의 본산지다. 퇴계가 있고 농암이 있고 『수운잡방』을 쓴 광산김씨 일족이 있고, 근세엔 시인 이육사가 태어났다. 눈앞의 청량산 또한 예사로운 산이 아니다. 신라 때부터 최치원과 김생이 공부하고 수련했던 신령스런 장소다. 고려 때는 절이, 조선엔 정사가 숱하게 지어져 시인묵객들을 불러들였던 기운 넘치는 땅이다.

종손은 우선 청량산과 도산구곡을 새롭게 주목하고 살려내는 일을 했다. 청량산에 있는 고찰인 청량사 주지 지현 스님과 함께 청량산문화연구회를 조직했다. 청량산은 역사적으로 불가의 산이었고 또 유가의 산이었다. 그 과정에서 유교와 불교는 대립할 수밖에 없었다. 21세기에 청량사와 농암종택이 손을 잡고 청량산문화를 보존하고 확장하자는 데 뜻을 모으면서 유교와 불교의 화해가 비로소 시작되었다.

청량산은 숱한 보물을 가진 산이다. 조선의 내로라하는 선비치고 청량산을 유산하지 않은 이들이 없을 정도다. 가까이에 퇴계가 있었기 때문이다. 퇴계는 "유산하는 자 반드시 유록을 남겨야 한다"라고 말했다. 그랬기에 청량산에 다녀가서 청량산을 노래한 한시들은 지금 1천여 수 이상 남아 있다. 그것들을 모아 청량산박물관은 『옛 선비들의 청량산 유람록』을 두 권이나 출판했다. 거기에 한국한문학을 전공한 이성원이 크게 기여했음은 물론이다.

또 하나 중요한 일은 도산구곡문화연대를 조직한 것이다. 이 모임은 종교와 사상을 초월한 문화주체들이 연대하여 도산구곡에 산재해 있는 유, 무형의 문화유산을 발굴하고 보존 복원하며 고유한 전통을 전승하고 전파하겠다는 목적으로 설립한 단체다. 이성원은 도산초등학교를 나온 순수 도산 사람이다. 이곳에 애정이 깊을 수밖에 없다. 게다가 옛사람의 글을 읽으면서 새롭게 발견한 일들이 하나둘이 아니었다.

강원도 황지에서 발원한 낙동강은 천 굽이 만 굽이를 돌아 이 지역의 청량산과 건지산의 틈새를 뚫고 흘러내린다. 더러는 연못을 만들어 조용히 흐르다가도 바위에 부딪혀 요란한 소리를 내기도 한다. 깊은 연못과 넓은 여울에는 아침햇살이나 저녁노을이 비치고, 기묘한 바위가 물속에 또 강변에 이리저리 제멋대로 흩어져 있어, 이곳의 빼어난 경치를 고금의 선현이나 시인들은 숱하게 칭찬하였다.

바위와 소와 물길과 벼랑과 길에 퇴계와 농암을 비롯한 옛날 시인들이 따로 이름을 붙여놓은 것도 알게 됐다. 도산구곡문화연대에서는 퇴계가 예전에 걷던 길을 발견해 내고 거기에다 '예전길'이라는 이름을 붙였다. 지금 도산을 찾는 이들은 예전길을 퇴계처럼 걸을 수 있다. 도산구곡 내의 종택체험사업과 도산구곡을 알리기 위한 문화행사도 기획했다. 그것을 수익사업으로 해서 문화연대의 경비를 충당할 계획도 세우는 중이다. 도산구곡 일대에 위치한 후조당종택, 탁청정종택, 설월당종택, 일휴당, 취규정, 번남고택, 노송정, 온계종택, 송재종택, 퇴계종택, 수졸당종택, 향산고택, 목재고택, 이육사문학관, 치암고택 등의 종손들이 모두 회원으로 활동 중이다. 그리고 그 중심에 농암 종손이 있다.

이렇게 좁은 지역 안에 이토록 많은 성씨들과 종택들이 모여 있는 경우는 도산 말고는 어디서도 찾아볼 수 없다. 그중 일부 종택 주인들은 서륜회라는 소모임을 조직하여 주말마다 탁청정이나 농암종택, 육사고택 등지에 모여서 함께 식사하고 즐긴다. 이들은 지금 혈맥과 연비를 초월한 동지가 되었다. 과거의 종손들은 자기 가문의 울타리에 갇혀 사회적 교류에 다소 한계가 있었다. 거기에 비해 현재의 종손들은 지역을 새롭게 살려낼 문화연대를 자발적으로 만들어 낸다.

유적을 잘 보호함은 후손된 도리이다. 성역처럼 지켜야 하지만, 유적을 정말 성역처럼 지키는 일은 바람직하지 않다. 성역화는 인물의 우상화를 전제하는데, 성역과 우상화는 대상을 무겁고 무서운 존재로 만들어 버린다. 그래서 인물이 박제된다. 박제된 인물은 아무도 가까이 할 수 없고 가까이 하고 싶지도 않게 된다.

"있는 그대로의 인물, 있는 그대로의 유적이어야 해. 시是도 말하고 비非도 말할 수 있어야 해. 도산구곡은 손상되었지만 도산문화는 손상되지 않았어. 문화가 어찌 하루아침에 생성되고 소멸되는 것이던가. 잘 가꾸고 지켜 간다면 도산구곡에 흩어진 문화유산은 우리 모두의 자랑이 될 거야, 여기에 바로 한국문화의 근원이 있는 거지." 이것이 이성원이 도산구곡 문화연대를 만들어 낸 근본 취지이다.

이성원은 2010년 가을 주자의 무이구곡이 있는 중국 무이산시 무이대학에서 '도산구곡 일대의 유교문화'라는 주제의 학술 발표를 했다. 거기서 도산구곡에 깃든 가문과 학자와 자연의 빼어남에 대해 평소에 늘 하던 대로 침착하게 역설하고 돌아왔다. 한국의 안동과 중국의 무이산은 자연과 역사와 철학이 아주 흡사한 지역이다. 한중 양국의 대표적 성리학자인 퇴계와 주자의 활동무대이자 양국 성리학의 중심지로서, 두 문화를 비교 연구하고 교류하는 것은 아주 유의미한 일이다. 무이산 지역은 한국 성리학의 근원지인 주자학의 발원지로서 퇴계학을 중심으로 한 한국 성리학 연구에 중요한 검토의 대상이 되는 곳이다. 또 무이구곡은 조선시대 당시 전국적으로 번성했던 구곡경영과 구곡문학의 문화적 배경역할을 한 곳이다. 이 사실에 주목하여 한국국학진흥원과 무이대학이 공동으로 개최한 이번 국제학술대회는 앞으로도 계속 진행될 예정이다. 종손은 두 지역 간의 문화 비교연구 및 교류를 통해 청량산과 도산구곡 일대의 유교문화권이 더욱 탄력과 깊이를 얻을 수 있을 것으로 기대하고 있다.

'귀거래歸去來한다는 것! 그건 자연 속으로 녹아들겠다는 결의다. 세상의 공명 따위 외면한 채 사색하고 독서하고 씨 뿌려 거두는 삶을 선택하겠다는 철학이다. 책권이나 읽은 조선의 벼슬아치들은 대개 이 '귀거래'를 입에 달고 살았고, 재미있게도 21세기 문명인도 대개 전원 속에 집을 짓고 살고 싶어한다. 그러나 예나 지금이나 실천은 쉽지 않은 모양이다.

귀거래 귀거래 말뿐이오 갈 이 없어

전원이 황폐해지니 아니 가고 어쩔고
초당에 청풍명월이 나명들명 기드리느니.

　벼슬길을 물러나면서 농암이 지은 「효빈가」다. 16세기의 일
이었고, 그 사이 500년이 흘러 지금은 21세기다. 가문의 흐름은
강물과 같다. 농암의 17세손인 현 종손은 선조를 흡사하게 따라
가고 있다. 집을 짓고 글을 쓰고 손을 맞고 강산을 거닌다. 「귀거
래사」를 써서 벽에다 딱 붙인 것도 맞추어 같다. 다만 이성원의
글은 「신新귀거래사」일 뿐!
　도산에 한국문화의 뜨거운 근원이 있다. 그리고 그 중심에
농암가가 있다. 거기에서 종손 이성원이 그 옛날 농암처럼 사람
들을 불러들이고 있다. 시와 노래와 건축과 음식과 강산이 어우
러진 새로운 문화가 지금 가송리 농암종택에서 발효하는 중이다.

참고문헌

『농암 이현보의 강호문학』, 강호문학연구소.
『도산구곡陶山九曲 연구』, 한국국학진흥원.
『영천이씨 농암종가 古典籍』, 한국국학진흥원.
『영천이씨 족보』.

강영환, 『집으로 보는 우리 문화 이야기』, 웅진닷컴.
안동문화연구소 편, 『농암 이현보의 사상과 문학』, 안동대학교.
윤일이, 『농암 이현보와 16세기 누정건축에 관한 연구』.
이성원, 『천년의 선비를 찾아서』, 푸른 역사.
청량산박물관, 『옛 선비들의 청량산 유람록』 1·2, 봉화군.
최재남, 『서정시가의 인식과 미학』, 보고사.